로봇과 함께 살기

Vivre avec les robots
Essai sur l'empathie artificielle
by Paul DUMOUCHEL and Luisa DAMIANO

Copyright © Éditions du Seuil, 2016
Korean Edition Copyright © HEEDAM, 2019
All rights reserved.

This Korean edition published by arrangement with Éditions du Seuil through Shinwon Agency Co., Seoul.

이 책의 한국어판 저작권은 신원에이전시를 통해 저작권자와 독점 계약한 희담출판사에 있습니다.
저작권법에 의해 보호를 받는 저작물이므로 무단전재와 복제를 금합니다.

 Cet ouvrage, publié dans le cadre du Programme d'aide à la Publication Sejong, a bénéficié du soutien de l'Institut français de Corée du Sud.
이 책은 주한프랑스문화원 세종 출판번역지원프로그램의 도움으로 출간되었습니다.

VIVRE AVEC LES ROBOTS

로봇과 함께 살기

폴 뒤무셸 · 루이자 다미아노 지음 | 박찬규 옮김 | 원종우 감수

희담

차례

이야기를 시작하며
- 로봇이란 무엇인가? ·· 6
- 왜 로봇인가? ··· 10
- 어떤 로봇? ·· 12
- 자율성, 사람, 로봇 ··· 14
- 소셜 로봇 또는 로봇과 함께 살기 ······················· 19

제1장 　대리로봇
- 불쾌한 골짜기 효과 ··· 36
- 대리로봇 ··· 42
- 무목적의 로봇 ·· 46
- 실재하기 ··· 49
- 권한 ··· 52
- 기계와 사회적 행위자 ······································ 55
- 자율성 ·· 58
- 과학 실험도구로서의 로봇 ································ 65

제2장 　동물, 기계, 사이보그, 택시
- 인공 동물행동학 ··· 73
- 동물 심리에 관한 경험철학 ······························· 78
- 동물-기계 ·· 81
- 인지 다원론 또는 마음의 다양성에 관하여 ·········· 86
- 확장된 마음, 그리고 사이보그 ··························· 89
- 기계과학 ··· 94
- 인지 징표? ·· 99
- 택시! ·· 103

제3장 마음, 감정 그리고 만들어진 공감

- 마음은 어디에 있는가? ················· 111
- 마음, 착각, 타자 ····················· 114
- 사악한 정령 ························· 118
- 정서와 공감의 로봇 ··················· 123
- 불분명한 경계 ······················· 127
- 외적 로봇공학, 또는 감정과 공감의 사회적 측면 ······ 130
- 내적 로봇공학, 또는 감정과 공감의 개인적 측면 ······ 142
- 정서적 회로 ························· 148

제4장 또 하나의 가정

- 정서적 회로와 인간-로봇 공조 메커니즘 ········· 163
- 본질적 체화와 감정을 지닌 소셜 로봇의 미래 ······ 170
- 세미노이드, 사회적 실재감 또는 원격행동 ········ 174
- 파로와 유사 로봇들 ··················· 180
- 카스파와 돌봄 로봇 ··················· 186
- 또 하나의 가정 ······················ 191

제5장 윤리적 살상무기에서 인공 윤리까지

- 로봇 윤리 ·························· 203
- 자율무기와 인공행위자들 ··············· 208
- 자율성을 지닌 군사로봇의 윤리 ············ 211
- 도덕성과 규율 전략 ··················· 219
- 행위와 자율성 ······················ 223
- 부분적 행위자의 지능화와 자율화 ·········· 228
- 다시 대리로봇 ······················ 232

주석 ································· 239

이야기를 시작하며

내가 선택기로장치crossroad objects(내 삶을 하나하나 이끌어줄 자기신호탑지기)라 부르는 것들이 내게 지름길을 안내해준다. 이 선택기로장치들은 안내자도 없이 몽상을 따라 한 번도 가보지 못한 곳으로 나를 안내한다. 그것들은 또한 포르톨라노 해도가 되어 내가 정박할 장소를 알려주기도 한다. 그것은 항해도이기도 하고 동시에 나침반이기도 하다.

-로제 카유아Roger Caillois 1

로봇이란 무엇인가?

사실 이 질문에 대한 대답은 전혀 명료하지 않다. 프랑스어로 "주방

로봇robot de cuisine"²은 칼날을 끼워 음식물들을 자르고 뒤섞는 데 사용하는 가전기구, 즉 믹서기를 가리킨다. 누가 보아도 로봇이란 이름은 생뚱맞다. 오늘날 믹서기는 흔히 볼 수 있는 기구일 뿐 우리가 생각하는 로봇과는 잘 어울리지 않는다. 이보다는 혼다가 만든 휴머노이드 로봇 아시모Asimo나 소니가 개발한 강아지 로봇 아이보Aibo가 우리 머릿속의 로봇 이미지에 어울린다. 하지만 개념적으로 보면 이 주방기구 또한 충분히 로봇이라 부를 만하다. 주방로봇은 자체 에너지로 작동하며, 우리 인간을 위해 일하는 기계장치이고, 어느 정도 자율성을 지닌다. 자율성이 극히 미미하다는 점을 제외하면 주방로봇 또한 로봇이라 부르기에 손색이 없다. 채소를 자르고, 채를 썰고, 갈아 으깨고, 여러 음식물들을 혼합하는 이 기구는 식칼과 교반기, 반죽기의 기능을 동시에 수행한다.

대부분의 로봇은 사람(또는 농물)의 모습을 하고 있지 않다. 드론을 비롯하여 항공과 육상, 해상에서 조종사 없이 움직이는 모든 운송수단들도 로봇으로 볼 수 있다. 평소에는 휠체어였다가 전동침대로 변신하는 파나소닉의 레이죤Reysone 역시 로봇으로 볼 수 있다.³ 다양한 형태와 크기를 지닌 산업용, 의료용 로봇들을 볼 수 있는데, 이들은 대부분 '보통의 기계'들과 매우 닮았다. 따라서 기계의 외관만을 가지곤 로봇인지 아닌지 구분하는 기준을 찾아내기가 힘들다. 따라서 이런 질문도 가능하다. "그렇다면 자동화된 기구들은 모두 로봇이라 할 수 있을까?"

가까이 다가서면 열리는 자동문은 로봇일까? 사람 없이 몇 시간 동안 정해진 항로를 비행하는 오토파일럿은 로봇일까? 에스컬레이터, 무빙워크, 티켓 자판기, 음료나 샌드위치 자판기는? 깜깜할 때 사람이 지나가면 저절로 불이 켜지는 센서도 로봇으로 볼 수 있을까? 당신의 카드를 읽고 문을 열어주는 자동개찰구는? 조종사 없이 달리는 지하철은? 주방로봇은? 컴퓨터에 연결된 프린터나 식기세척기는? 대체 어디까지를 로봇이라 불러야 할까? 우리 일상에 넘쳐나는 장치들이나 자동기계들은 로봇과 어떻게 다를까? 답은 명쾌하지 않다. 그렇다면 우린 '로봇'이란 개념을 더 이상 아무것도 특정하지 못하는 잡다한 물건들의 총칭 정도로 이해해야 할까?

"이것은 로봇인가?"라는 물음에 답하기 곤란한 경우가 많다는 것은 로봇의 개념이 제대로 정의되어 있지 않다는 얘기다. 본래 '로봇Robot'이란 단어는 카렐 차페크Karel Čapek의 희곡 〈로섬의 유니버설 로봇〉에 나오는 가상인물들을 총칭하는 것이었다.[4] 1920년에 나온 이 희곡에서 로봇들은 기계장치라기보다 생체합성물질로 된 안드로이드[5]를 가리키는 말이었다. 겉모습으로 사람과 구분하기 어려운 이들은 비서, 정원사, 시종, 노동자, 경찰 등의 업무를 맡으며 인간들을 위해 일했다. 인간이 하는 모든 일과 역할을 대행했고, 더 좋은 서비스를 위해 인간처럼 학습할 수도 있었다. 하지만 이 로봇들은 결국 인간에게 반기를 들고 인간들을 멸망시키기에 이른다. 하지만 로봇들 또한 사라지는 운명에 처하고 만다. 로봇들은 인간처럼 성을 통해 번식할 수 없었기 때문이다. 반란을 일으키는 과정에서 로봇을 만드는 유일한 인공물질을 합성하는 비밀 생산시설이 파괴되었고, 그 비법을 아는 사람들 또한 모두 죽어 버렸기 때문이다. 우리 인간들처럼 카렐 차페크의 로봇들도 자신들의 행위가 가져다줄 결과를 예측할 수 없었던 것이다.

보통 우리가 생각하는 로봇은 인간 대신 여러 가지 일을 해주고, 어느 정도는 자율성을 지닌 존재들이다. 그 중 '자율성autonomy'이란 조건은 보통의 기계인 전기톱이나 청소기 등 단순한 자동화 도구들과 로봇을 구분해줄 수 있다. 전기톱이나 청소기는 자체 에너지원을 갖지만 임무를 완수하기 위해 인간의 노동에 의존해야만 하는 것이다. 초기 로봇의 생체합성적biosynthetic 특성은 잊혔지만 그들이 일으킨 반란은 우리의 문화적 기억 속에 깊이 남아있다. 로봇이란 이름과 함께 자율성이란 개념은 여전히 살아있다. 그래서 로봇은 인간 노동자들을 대신하는 자동화 도구로, 그리고 지속적인 관리가 필요치 않을 정도의 자율성을 지닌 존재로 인식되었다. 우리가 로봇을 이해할 때 가장 큰 문제는 이 개념 속에 두 개의 다른 뜻이 혼재한다는 사실이다. 첫째는 공학적인 기준인데, 로봇은 어느 정도 상황변화에 적응하면서 행동을 조정할 수 있는 자율성을 지닌 자동 기계라야 한다는 것이다. 두 번째는 사회-기능적 기준으로, 인간 노동자를 대신하여 작업할 수 있는 존재라야 한다. 첫 번째 기준은 명확히 정의하는 게 가능하지만, 두 번째 기준은 매우 모호하다. 왜냐하면 인간 노동의 범위는 역사나 문화에 따라 다르며 유동적이기 때문이다. 이 두 가지 기준을 함께 적용하다 보면 개별 기기들의 분류라기보다는 잡다하고 상이한 기술들의 나열이 되고 만다.

왜 로봇인가?

노동자들과 달리 로봇은 지치는 법이 없으며(단지 고장이 날 뿐) 불평불만도 없다. 일을 하다가 한눈을 팔지도 않고, 월요일 아침에 술이 덜 깨어 나타난다거나, 파업을 하는 일도 없다. 이것이 우리가 로봇을 필요로 하고 여러 분야에서 도움을 청하는 이유다. 로봇은 비용 면에서도 저렴할 뿐더러 대부분은 인간 노동자들보다 훨씬 정확하고 효율적으로 일한다. 퇴직연금이나 건강보험을 들어줄 필요가 없으며, 법적 권리 같은 걸 요구하지도 않는다. 우리는 옛날 주인들이 노예들에게, 고용주가 임금노동자들에게, 지휘관이 병사들에게 바라던 것들을 로봇들에게 요구할 수 있다. 우리는 로봇들이 나약함과 결함이 없기를 바라며, 무엇보다 인간 노동자들 대부분이 가지고 있는 반항심이나 독립심 같은 것이 없기를 바란다.

우리가 로봇에게 '결여'되길 바라는 이런 특성들이 바로 인간이 지닌 '자율성'이라는 측면이다. 다시 말해 우리는 로봇이 자율적이길 바라면서 동시에 자율적이지 않기를 바라고 있는 것이다.

이런 모순은 카렐 차페크의 원작 속에도 잘 나타나 있다. 그가 그리는 로봇들은 인간이 할 수 있는 모든 것을 할 줄 안다. 로봇들이 우리 인간과 다른 점이 있다면 사랑이나 두려움 같은 걸 느끼지 못한다는 것이다. 다시 말해 로봇들에겐 감정이 없다. 소설 속에서 특별히 인간과 유사하게 만들어진 로봇이 하나 있었는데 그가 나중에 반란을 이끄는 주역이 된다. 자신들이 우리 인간과 별반 다르지 않다는 걸 알아차린 순간 로봇들은 주인들을 향해 전쟁을 선포한다. 그래서 우리는 로봇들에게 자율성을 바라면서도 완전히 자율적이길 원하지 않는다. 아니, 그들의 자율성이 인간의 자율성과 다르길 바란다. 이런 이율배반적인 태도를 통해 우리는 인간의 상상 속에 왜 '로봇의 반란'이라는 주제가 반복해서 등장하는지 가늠해 볼 수 있다. 로봇을 만드는 공학자들이나 로봇 윤리를 논하는 철학자들은 지금 당장이나 가까운 미래에 진정 자율적인 기계, 즉 도덕적 책임감을 지닌 인공행위자artificial agent[6]를 만드는 일이 불가능할 것이라고 말한다.[7] 물론 아직은 그럴 능력도 없지만, 사실 "우리는 진짜 자율적인 행위자를 만들기 원치 않는" 것일 수도 있다. 우리가 그것을 두려워하고 있는 것이다.

오늘날 우리 문명의 여러 곳에서 로봇들에 대한 거부와 불안감을 발견할 수 있다. 차페크가 처음 '로봇'이란 개념을 소개하고 인공행위자를 만들어 보려는 시도가 대중적 지지를 받으면서 로봇이 완전한 자율성을 획득하는 순간 세계를 정복하고 인류를 멸망시킬 것이라는 신화소mytheme[8]도 인간의 마음에 함께 자리잡았다. 앨지스 버드리스Algis Budrys의 「임무가 먼저다First to Serve」[9] 같은 단편소설이나 〈2001: 스페이스 오디세이〉, 〈블레이드 러너〉, 〈매트릭스〉, 〈터미네이터〉, 〈트랜센던스〉 같은 영화들, 빌 조이Bill Joy의 '미래에는 인간이 필요 없어질까?' 같은 논문들이 '특이점singularity'[10] 등의 개념들과 더불어 대중들에게 종말론적인 공포를 조장하고 있다. 최근 스티븐 호킹Stephen Hawking[11]이나 엘론 머스크Elon Musk[12], 빌 게이츠Bill Gates[13] 등의 발언에서 보듯이 이런 생각은 하나의 문화적 현상으로 자리잡았다. 기계와 인간의 관계에 대한 이런 인식이 널리 퍼지면서 전문가들마저 우리의 기계 노예들을 '반항' 또는 '복종'이라는 두 개의 가능성 안에 가두려는 경향이 나타나고 있다.

그러나 로봇과 기계문명에 지나친 염려의 시선을 보내기보다는 이들을 다양하고 복합적으로 바라볼 필요가 있다. 왜냐하면 로봇들에서 노예와 폭도 이외의 다른 모습도 얼마든지 찾아볼 수 있기 때문이다. 이를테면 로봇에게서 친구의 모습을 발견할 수 있으며 정신적, 심리적 위안을 주는 동반자의 모습도 발견할 수 있다. 한 예로 일본 대중문화의 만화나 애니메이션에 등장하는 로봇들은 차페크 이후 우리가 상상하던 로봇들과 매우 다른 이미지를 보여준다.

어떤 로봇?

이런 모습의 로봇들이 등장한 것은 1950년대 아톰[14]때부터였다. 고금을 통틀어 최고의 인기 만화주인공 중 하나라고 할 수 있는 아톰은 오늘날 일본 문화의 상징처럼 되었다. 자율성을 지닌 로봇들은 유용할 뿐 아니라 선하고 헌신적이며, 아톰처럼 인간의 구원자이자 영웅으로 인식된다. 아톰은 일본 만화 속의 다른 로봇들과도 구분되는데, 영혼을 지녔다는 점이 그렇다. 아톰은 기계보다 사람에 가까우며, 사람과 닮은 탓에 매우 현실적이다. 인간적인 면이 아톰을 다른 로봇들보다 뛰어나게 만들어주지만, 동시에 쉽게 상처받고 실수를 저지르는 존재로 만들어주기도 한다. 아톰은 종종 걱정에 싸이고 내적 갈등을 겪는다. 엄청난 능력과 힘을 지닌 것을 빼면 이 로봇은 모든 면에서 인간에 가깝다. 그래서 아톰은 인간의 나약함과 불확실성을 공유하며 바로 이 점이 그를 평화를 지키는 사도로, 진정한 영웅으로 만든다.

물론 일본 만화에도 악하고 폭력적이며 위험한 로봇들이 등장한다. 하지만 이들의 악의와 음모는 모두 창조자의 뜻으로부터 온다. 따라서 로봇이 악한 것은 스스로 악하기 때문이 아니며, 이들의 못된 행위는 자율성의 결과로 볼 수 없다. 반대로 아톰은 무한한 자율성으로 인해 더 사려 깊고 내면적으로 복잡하며 도덕에 민감한 존재가 된다. 다른 로봇들이 나쁜 것은 그들이 악한 주인을 섬기기 때문이다. 이것을 기술이 가치중립적이라는 의미로 이해해선 안 된다. 왜냐하면 아톰은 자신을 창조한 인간이 범죄에 이용하려 하는 순간 주인에게 반기를 들고 진정한 자율성을 보여주기 때문이다. 이렇게 자율적 로봇은 우리 인간과 마찬가지로 선하기도 하고 악하기도 하며, 때론 선악이 공존하는 면을 지닌다.

일본의 로봇 만화들은 기계들의 반란 같은 주제보다 인간이 로봇의 힘을 악용할 때 발생할 수 있는 윤리적 문제나 로봇들과 함께함으로써 겪는 심리적 갈등에 관심을 가진다. 아톰을 자율적 로봇이라고 한다면, 패트레이버나 건담, 에반게리온 같은 다른 작품 속 로봇들은 운송수단이거나 로봇무기, 갑옷, 엑소스켈레톤(외골격) 등 절반만 자율적인 기계들이다. 이 로봇들은 주로 인간(대부분은 소년과 소녀들)이 조종하는데, 인간 조종사들은 악에 맞서 인류를 지키기 위해 이 로봇들을 이용한다.

만화 속 인간 조종사들은 기계의 영혼이자 두뇌 같은 역할을 한다. 반면 로봇은 자기를 조종하는 남녀 조종사의 몸을 대신한다. 로봇은 주인공을 성장케 하며 자기 안의 악한 본성에 맞서 자아를 단련해준다. 에반게리온에서처럼 기계는 자기 영혼을 지니기도 한다. 그래서 에바 1호기를 만들어낸 어머니는 로봇의 영혼 역할을 하고 아들 신지는 이를 조종한다. 신지는 에바를 조종하여 싸울 때 자아에 눈뜨고 죽은 어머니의 영혼과 결합하는 경험을 한다. 결과적으로 무시무시한 적과 맞서 싸우는 일은 주인공에게 개인의 심리적, 정신적 체험이 된다. 이 싸움은 아톰에겐 로봇의 자기 성장사이며, 에반게리온이나 건담에겐 소년/기계라는 불가분의 한 쌍이 겪는 성장사이다. 작품에서 로봇 자신의 경험이나 인간이 일부 자율성을 지닌 기기들과 함께하는 경험은 모두 배우고 성장하는 과정이며, 따라서 이 작품들 모두가 '성장소설'의 성격을 띠고 있다고 볼 수 있다.

자율성, 사람, 로봇

로봇들이 등장하는 가상의 세계에선 늘 싸움이 지배하고 인류의 생존은 위협받는다. 하지만 일본 만화와 애니메이션에서 적은 늘 인간이거나 적어도 자기 의지에 따라 움직이는 행위의 주체들이다. 이에 반해 〈매트릭스〉나 〈터미네이터〉 같은 영화 속에서 적은 기술문명 그 자체이다. 영화는 언제나 기술에 대한 맹신의 결과로 인류가 끔찍한 고통을 겪는 것으로 시작한다. 인류는 이제 잃어버린 것들을 되찾아야 한다. 그리고 이런 상황을 헤쳐 나갈 영웅의 탄생이 줄거리의 중심을 이룬다. 기계문명이 만들어낸 세상은 배움, 성장, 선한 인간이 되는 것과는 거리가 멀다. 반대로 기계문명은 인간들을 위험에 빠트리거나 잘못된 욕망으로 인도한다. 기술의 힘은 인간들을 권력에 대한 환상이나 위험한 시도로 유혹하며 이로 인해 미래의 어느 날 인류는 '스카이넷'이나 '매트릭스' 같은 끔찍한 세상에서 눈을 뜨게 된다. 영화는 우리를 성장이나 각성으로 이끌어주지 않는다. 영화 속에서 주인공은 개개 로봇들이 아닌 스카이넷이나 매트릭스 같은 과학기술 시스템에 맞서 싸워야 한다. '터미네이터'나 '스미스 요원' 같은 개인 행위자들이 벌이는 악한 행동은 모두 과학기술 시스템 자체에서 비롯된 것이다. 그 속에서 개체들은 강력하고 전지전능한 힘에 조종되는 꼭두각시들일 뿐이다.

    로봇(또는 과학기술)이 자율성과 개체성을 획득하는 데에 실패했다는 점이 영화 속 사건들의 발단이 된다. 어느 날 알 수 없는 이유로 스카이넷은 의식을 가지게 되며, 매트릭스에서도 비슷한 일이 일어난다. 어떻게 이런 일이 일어날 수 있을까? 우리는 알 수 없다. 단지 그런 일이 일어났고 '저절로' 그런 일이 벌어졌다고 말할 수밖에 없다. 어느 순간 복잡성과 상호성이 한계점을 넘어서며 시스템이 돌연 의식을 지니게 된 것이다. 이렇게 인간의 조건을 근본적으로 바꿔버리는 사건은 저절로 일어난다.

　반면 아톰은 교통사고로 아들을 잃은 한 박사의 발명으로 탄생한다. 건담 이야기의 첫 번째 모빌슈트는 주인공의 아버지가 지하 비밀 연구소에서 만들어냈다. 이야기가 시작되면 누군가의 공격으로 죽음을 맞게 된 아버지가 아들에게 기계의 설계도를 물려준다. 에반게리온에서도 에바들은 신지의 아버지와 어머니가 창조해낸 발명품들이다. 가족이라는 주제를 넘어, 이야기 속에서 모험을 가능케 하는 모든 혁신기술들(로봇, 로봇슈트, 에바처럼 자율성을 지닌 생체로봇들)은 이름을 알 수 있는 누군가가 고안하고 창조하였으며, 이 창조자는 단순히 기계의 발명자에 머물지 않고 이야기에서 중요한 역할을 한다.

　매트릭스나 스카이넷 같은 기술 시스템들도 어떤 의미에선 '자율적'이라 볼 수 있다. 하지만 이들은 정체를 드러내지 않으며 특정 개인도 아니다. 이들은 눈으로 볼 수 없는 미지의 존재들로, 그 안에서 다양한 행위자들이 활동할 수 있는 환경을 구성할 뿐이다. 하지만 이 환경은 조금이라도 자율성을 지닌 개체들을 남김없이 파괴해 버린다. 그리고 인간을 시스템이 직접 통제할 수 있는 인공행위자들로 대체함으로써 철저히 자기 목적 하에 두려고 한다. 이와 달리 일본 애니메이션과 만화 속에서 기술문명은 적어도 세 가지 면에서 개인의 승리 또는 이에 대한 확신을 보여준다. 첫째로, 주로 작품의 제목이기도 한 주인공 기기들은 최고 과학기술이 이루어낸 결과이자 누군가의 연구 성과물이다. 두 번째로, 이 기기들은 주인공들(주인공이 아닌 경우에도)이 두려움을 극복하고 내적 갈등에서 벗어나도록 도와준다. 마지막으로, 기술은 주인공에게 승리를 선사해주며 그를 인류의 구원자나 영웅으로 만든다.

로봇이나 기술에 대한 이런 두 가지 태도는 완전히 반대다. 한쪽은 기술을 나쁜 것으로 간주하지만 다른 쪽은 로봇 자체를 선하거나 적어도 해롭지 않은 것으로 본다. 전자는 인공행위자들을 위협으로 간주하고 과학기술이 우리를 잘못된 길로 이끈다고 본다. 후자는 기계들과 좋은 관계만 유지하면 인간은 정신적으로나 심리적으로 성장할 수 있다고 여긴다. 서양에서는 로봇과 기술을 소외, 정체성 상실, 비인간성 등의 상징으로 그리는 반면, 일본 만화는 이들을 통해 개인의 승리를 보여준다. 전자의 시각에서 로봇과 함께하는 미래는 인류에게 피할 수 없는 선택이며 누구도 통제할 수 없는 끔찍하고 위험한 상황을 초래하는 것으로 그려진다. 반면 후자는 로봇이 숭요한 기능을 수행하게 될 미래를 우리에게 보여주며 이들과 함께하는 삶이 경제적으로뿐만 아니라 정신적, 인간적인 면에서도 더 훌륭한 미래를 보장해줄 것이라 믿는다.

물론 이 모든 것들은 허구이고 집단적 상상일 뿐, 로봇공학이나 과학기술의 현실에 기초한 것은 아니다. 따라서 로봇과 관련한 두 가지 극단적인 전망을 확대해석할 필요는 없다. 즉 서구 사람들이 미래를 디스토피아적 전망만으로 본다거나 일본 사람들만이 로봇을 인간의 동반자로 인식한다는 식으로 오해해선 안 된다. 이 모든 전망들은 로봇과 함께할 미래에 대한 상상의 두 측면을 보여줄 뿐이다. 하지만 우리는 로봇에 대한, 그들과 함께할 미래에 대한 상반된 태도를 예시함으로써 인공지능이 열어줄 서로 다른 전망을 깊이 살펴볼 수 있으며, 그럼으로써 우리가 필요해서 만든 기계들에 대한 상반된 태도를 더 정직하게 평가해 볼 수 있다.

이상적인 허구이긴 해도 앞의 일본 만화와 애니메이션이 묘사하는 로봇과 과학기술은 오늘날 '소셜 로봇공학social robotics'이라 부르는 분야에 대한 전망을 보여준다. 적어도 일본에선 로봇에 대한 친근한 이미지가 해당 연구의 방향에 큰 영향을 주었을 것이다. 소셜 로봇공학은 다양한 분야에 자율성을 지닌 인공행위자들을 도입하는 것을 목표로 하는데, 그 주요 기능 중 하나가 심신미약자들 곁에서 친구가 되거나 도움을 주는 것이다. 아기 바다표범 로봇 파로Paro처럼 병원이나 양로원에서 애완동물의 역할을 대신하거나 노인들에게 약 먹을 시간을 알려주는 로봇들이 여기에 해당한다.

'미래' 할 때 우리에게 떠오르는 종말론의 암울한 이미지는 이런 소셜 로봇들과는 전혀 다른 이미지를 인공행위자들에게 부여했다. 인간보다 뛰어난 로봇이나 인공행위자들이 우리 일자리를 빼앗을 거라는 두려움이 오늘날 우리를 지배하고 있다. 카렐 차페크의 희극에서 "더 이상 인간이 필요치 않은 미래"를 만들어낼 "초인"의 이미지로 그려진 뒤로 로봇에 대한 이런 생각은 백년 가까이 우리를 지배하고 있다.

하지만 〈로섬의 유니버설 로봇〉을 과학기술의 종말을 그린 작품으로만 이해해선 곤란하다. 1920년에 등장한 이 작품은 기술문명의 위험성 외에도 당시 러시아, 헝가리, 독일에서 일어났던 노동자 폭동이라는 정치적 사건들을 암시하고 있다. 그때의 역사, 정치적 상황에서 작품을 들여다본다면, 이 희극 속의 인간과 로봇들이 "당시 현실 속의 인간관계를 재현하고" 있다는 걸 알 수 있다. 작품 속 로봇들은 당시의 계급관계를 반영하고 있다. 로봇들은 겉모습만 비슷할 뿐 지배계급과는 전혀 다른 종족으로 취급되는 피지배자들의 현실을 보여준다. 따라서 작품 속 사건이 최악의 상황으로 치닫는 것이 단지 기술문명의 탓만은 아니다.

오늘날 우리가 인공행위자들에 느끼는 위협에 대해서도 (차페크가 상상했던 로봇들과는 전혀 다르지만) 같은 결론을 내릴 수 있다. 즉 인공행위자들의 위협(또는 장점)은 급격한 기술 변화로 인간이 통제권을 잃어버려서 (아직 비슷한 일도 일어난 적이 없지만!) 발생한다기보다는 인간들 사이의 관계를 인공지능 행위자들에 빗대어 확대하거나 왜곡하여 보여주는 측면이 강하다. 우리가 만들어내는 인공행위자들은 인간들 간의 정치권력 관계뿐만 아니라 협력이나 연대의식을 반영하며, 동시에 이런 관계를 변화시키기도 하는 것이다.

소셜 로봇(social robots) 또는 로봇과 함께 살기

이 책은 로봇과 더불어 살아가는 방법엔 여러 가지가 있다는 사실을 출발점으로 삼는다. 세상엔 여러 형태의 로봇이나 인공행위자들이 있고 그들과 함께하는 삶 또한 여러 모습으로 표현될 수 있기 때문이다. 산업용 로봇과 드론, 주방로봇이 그렇듯이 인공행위자들은 뚜렷이 구분되지 않는다. 로봇들이 지닌 모습이나 용도 또한 제각각이며, 이런 로봇들은 원래의 목적과 전혀 다른 용도로 사용될 수도 있다. 그러나 마치 친구나 배우자가 계산기나 스마트폰과 전혀 다른 존재이듯이 다양한 인공행위자들 가운데도 전혀 다른 차원의 것들이 존재한다. 소셜 로봇공학은 이들 중에서도 특별한 형태의 기계들을 다룬다. 즉 단순한 도구가 아니라 인간과 사회적 관계를 맺을 수 있는 기계인 '사회적 인공행위자들'을 다루는 것이다.

이 책은 인간의 마음과 인간의 사회적 본성을 탐구하는 책이기도 하다. 이상한 이야기처럼 들리겠지만, 잘 생각해 보면 그럴 수밖에 없다는 사실을 알 수 있다. 로봇 친구를 만드는 일은 단순한 기술만 가지고 되지 않는다. 나와 타인에 대한 그리고 인간의 사회성에 대한 이해가 전제되어야 한다. 개인 단독자로서 환경과 마주할 때뿐 아니라 주변 사람들과 관계할 때 인간의 마음이 어떻게 작동하는지를 잘 알아야 한다.[15] 인간의 '사회성'과 '마음'은 소셜 로봇공학이 반드시 그리고 깊이 탐구해야 하는 주제이다. 인간의 주요한 사회적 특성을 재현하는 로봇 연구 플랫폼은 인간의 사회성을 연구하는 데에도 중요한 실험대가 될 것이다. 학교, 양로원, 병원 등에 사회적 인공행위자들을 투입하려면 로봇뿐 아니라 인간 파트너들에 대한, 일반적이거나 특정한 사회관계의 본질에 대한 정밀한 연구가 선행되어야 한다. 따라서 오늘날 대부분의 로봇공학자들이 자신이 만들어낸 로봇들을 기술도구가 아닌 실험도구로 보고, 현 세대의 로봇들을 대리로봇의 기초 단계로 인식하는 것은 자연스러운 일이다.

로봇공학의 이런 태도가 소셜 로봇공학에도 그대로 적용되길 바란다. 그래서 우리는 물어야 한다. 소셜 로봇의 연구가 '우리는 누구이며, 더불어 산다는 것은 무엇인가'에 대해 무엇을 가르쳐줄지를! 진짜 자율성이나 의식을 지니고 사고가 가능한 로봇의 탄생이 미래에 어떤 모습일지보다, 인공의 소셜 로봇을 탄생시키려는 우리의 계획이 당장 우리에게 무엇을 가르쳐줄지를! 로봇들에게 공감능력을 심어주려는 노력이 인간의 감정 자체와 감정의 사회적 역할에 대해 무엇을 이야기해줄지를! 그리고 마음의 사회적 차원이 마음 자체나 (인공적이거나 자연적인) 다른 인지시스템과의 관계에 대해 무엇을 가르쳐줄지를!

소셜 로봇공학의 방향을 정하는 일은 이 학문분야에도 패러다임의 변화를 가져다 줄 것이다. 로봇과 인간 사이에 정서적 교류가 가능한 것을 볼 때 우리는 감정을 개인적이고 내적인 경험이 아닌, 개체들 간의 지속적인 공조 메커니즘으로 볼 필요가 있다. 인간의 마음mind[16]과 감정emotion 그리고 사회성의 본질을 탐구하다 보면 소셜 로봇이 야기하는 윤리 문제 또한 다시 정의하게 된다. 그리고 윤리 문제를 재고하다 보면 우리는 마침내 정치적 문제에 맞닿게 된다. 왜냐하면 일상의 곳곳에서 보이지 않게 활약하고 있는 소위 '자율성을 지닌' 인공행위자들을 부정하면서도 우리가 소셜 로봇 연구를 통해 추구하는 것이 바로 행위자의 '다원성plurality'이기 때문이다. 다원성은 한나 아렌트$^{Hannah\ Arendt}$가 인간의 본질이자 정치적 삶의 기반이라고 말했던 인간의 기본 조건이다.[17] 아렌트가 말하는 다원성은 우리가 사는 세상이 동일 유전자를 지닌 단일하고 보편적인 존재가 아닌, 남자와 여자 또는 다른 조건들을 가진 다양한 사람들로 이루어졌다는 데에서 비롯된다. 소셜 로봇공학은 과거엔 없던 '인공 지능'이라는 매우 새로운 주체들을 이런 다원성에 편입시키려는 시도이다.

이 책의 제1장에서는 소셜 로봇공학에서 만들려는, 소위 '대리 로봇'이라 불리는 인공의 사회적 행위자들이 우리 주변의 기계들과 왜, 어떻게 다른지 보여주려 한다. 우리는 대리로봇들이 지닌 네 가지 본질적인 특징들을 살펴보는 것으로 제1장을 시작할 것이다. 그중 네 번째 특징은 앞의 세 가지의 특징들을 종합한 것으로, 사실상 이들의 직접적인 결과라 할 수 있다. 첫째로 사회적 행위자라면 정해진 임무와 역할을 벗어나 상황에 맞는 방식으로 자기 파트너들과 교류할 수 있어야 한다. 물론 그러기 위해선 사회적 행위자들이 상황을 인지하는 능력이 있어야 한다. 두 번째로 대리로봇들은 '사회적 실재감$^{social\ presence}$'이 있어야 한다. 즉 상대로 하여금 누군가에게 주목받고 있다는 느낌을 받도록 만들어야 한다. 이를 위해 로봇 또한 상대를 관심의 대상으로 삼을 줄 알아야 한다. 다른 행위자들의 관심을 의식하고 있다는 사실을 드러낼 때에만 행위자는 사회적으로 실재할 수 있기 때문이다. 세 번째로 대리로봇들은 일정한 권한을 가지고 그것을 행사할 줄 알아야 한다. 즉 사회관계에서 물리력이나 속임수에 의하지 않고 상황에 능동적으로 개입할 줄 알아야 한다. 마지막 네 번째로 대리로봇들은 일정 수준의 사회적 자율성social autonomy을 지녀야 한다. 즉 자발적으로 행동하고 자기 행위를 지배하는 규칙을 제한적으로 수정할 줄도 알아야 한다. 간단히 말하면 인공행위자들은 자신의 사회적 배역을 소화할 줄 알아야 한다. 이런 사회성이야말로 대리로봇들을 주변에서 볼 수 있는 컴퓨터나 소프트웨어 프로그램 같은 인지시스템들과 구분해 주는 요소들이다.

화제를 바꿔 제2장에서는 인지시스템의 다양성과 인간의 마음에 사회성이 얼마나 큰 역할을 하는지 이야기해 볼 것이다. 그 중 인간 마음에 사회성이 미치는 역할에 대해서는 3장에서 시작하여 사실상 이 책의 거의 끝부분까지 이야기가 계속될 것이다.

대리로봇을 우리가 알고 있는 기계들과 전혀 다른 것으로 본다면 이런 생각은 컴퓨터를 인간 마음(정신)의 가장 훌륭한 메타포로 생각하는 인지과학이나 심리철학에 어떤 영향을 미칠까? 몸 자체가 지능을 지닌다는 '체화된 마음embodied mind'[18]이나 인간이 지닌 마음(정신)의 프로세스가 우리가 쓰는 도구들로까지 확장될 수 있다고 주장하는 '확장된 마음extended mind' 같은 최근의 주목할 만한 연구에는 또 어떤 영향을 미칠까?

동물의 인지행동을 해석하고 설명하는 데 로봇을 활용하는 인공 동물행동학artificial ethology은 이런 질문에 좋은 모델을 제시한다. 사실 인공 동물행동학은 동물이 체화embodied 되고 장소화local 된 마음을 가졌다는 사실을 잘 보여준다. 또한 인공 동물행동학은 동물의 인지능력이 행위자의 육체뿐 아니라 환경으로부터도 큰 영향을 받는다는 걸 보여준다. 이는 데카르트의 동물-기계론에 대한 재해석을 요구한다. 데카르트는 동물의 영혼을 부정했지만 그렇다고 동물의 인지능력까지 부정하진 않았다. 그는 동물들의 인지능력이 특정 분야에서만 발달한 것이 '마음(정신)'을 지니지 못한 증거라고 주장했을 뿐이다. 따라서 정신과 물질의 이분법을 인지와 비인지의 구분으로 보기보다는 인지 영역의 내부 구분으로 보아야 할 것이다.

이렇게 볼 때 우리는 데카르트의 이원론을 완전히 상이한 여러 유형의 인지시스템들과 다양한 마음들이 존재할 수 있다는, 일종의 다원론적(인지 이질론 cognitive heterogeneity이라 부를 수 있는) 해석의 밑그림으로 볼 수 있다. 즉 컴퓨터처럼 더 빠른 계산능력이나 강력한 알고리즘을 추가하는 것만으로는 한 인지시스템에서 다른 인지시스템으로의 호환이 불가능하다는 것이다. 이렇게 다양한 인지시스템들이 존재할 수 있는 근본적 이유는 (이 가설은 '마음의 본질적 체화' 이론을 이해하는 데에도 필수적인데) 이들이 완전히 다른 신체기구(그것이 유기체든 기계이든)와 다른 환경에서 나온 것이기 때문이다. 반면에 주류 심리철학과 인지과학은 대체로 인지 영역의 단일성과 동질성을 받아들인다. 모두 전통적 의미의 데카르트적 이원론을 전제로 하면서도 자신들이 이원론을 거부하고 있다고 주장하는 것이다.

이어지는 장에서는 인지과학과 심리철학이 수용하는 데카르트적 오류를 반박하고 '마음의 다양성'을 옹호하는 주장을 펼칠 것이다. 우리는 지난 40년의 과학이 동일 인지영역을 가정하는 확장된 마음 이론의 지적 패권주의 아래서 발전해 왔다고 본다. 심리철학과 인지과학의 지지대 역할을 하고 있는 이런 동일성 가정은 데카르트의 방법론적 유아론methodological solipsism[19]으로부터 나온 경험지식의 주관성을 그대로 답습하고 있다. 반대로 인지영역이 질적 차이를 지닌다는 가설은 기존 주장들의 정당성에 의문을 제기하면서 마음 영역에서 칸트가 시도했던 "코페르니쿠스적 사고의 전환"을 이루어내려 한다.

제3장에서는 앞의 논쟁들에서 즉각적으로 발생하는 질문들, 즉 (만약 그런 것이 존재한다면) "인간의 인지시스템이 다른 인지시스템과 구별되는 점은 무엇일까?"라는 문제를 다룬다. 인지과학과 심리철학은 인간만의 특별한 인지시스템을 부인하면서도 인간을 궁극의 전형성을 지닌 지적 능력의 행위자로 간주한다. 잘 알다시피 인간만의 특별함을 설명하기 위해 데카르트가 내세운 것이 바로 마음(정신)의 존재였다. 그는 마음을 다른 모든 생명체나 인지시스템과 구별해주는 인간 고유의 특성으로 보았다. 하지만 데카르트의 방법론적 유아론이 펼치는 논리를 아무리 살펴보아도 인간과 동물의 인지시스템이 지니는 절대적인 차이는 발견할 수 없다. 물론 차이는 존재하겠지만 이는 상대적일 뿐 본질적이진 않다. 데카르트가 '마음(정신)'이라 부른 인간만의 인지시스템은 인간 고유의 상호작용에서 나오며, 이는 인간이 유별나게 사회적인 존재라는 사실과 떼어놓을 수 없는 연관성을 가진다. 인간들이 특별한 인지능력을 발휘하도록 만드는 환경은 근본적으로 '사회적 환경'인 것이다.

이제 다시 대리로봇과 소셜 로봇공학 이야기로 돌아가 보자. 인간의 마음이 본질적으로 사회성에서 온 것이라면 사회적 인공행위자를 만들려는 계획도 인간이 지닌 마음의 특성을 경험적, 실험적으로 연구하는 것에서 시작해야 할 것이다. 인공행위자들을 사회적으로 만들려면 인간 파트너들과 정서적으로 상호작용하는 능력을 부여해야만 한다. 즉 인지심리학과 심리철학이 밝혀낸 대로 감정이 인간의 사회성에서 핵심 역할을 하며, 감정이 이성의 반대 개념이 아니라 개인이 알맞은 인지전략을 구사하기 위한 수단임을 인정해야만 하는 것이다. 그러나 오늘날의 소셜 로봇공학은 인지심리학과 심리철학의 주류적 접근을 따르면서도, 감정을 내적-개인적 현상으로 이해함으로써 감정의 사회적-상호적 측면을 감정의 부차적인 효과로 여기는 오류를 범하고 있다. 결과적으로 심리학과 심리철학에 팽배해 있는 방법론적 유아론을 그대로 수용함으로써 감정의 영역에 '일인칭 우선권'을 부여하고 있는 것이다.

그 결과, 오늘날 소셜 로봇공학은 감정을 외적external, 공적public으로 표출하는 방법의 연구와 로봇에게 심리현상으로서의 내적internal, 개인적personal 감정을 심어주는 두 가지 방법으로 나뉘어 진행되고 있다. 감정을 내적/외적으로 나누어 접근하는 이분법은 내적, 개인적이라 여겨지는 '진짜 감정'과 순전히 외적 표현으로만 존재하는 '거짓 감정'이라는 대립 개념을 낳았다.[20] 로봇에게는 감정에 맞는 내적 상태가 없기 때문에 그것이 선의에 의한 것이라 하더라도 거짓이라는 것이다. 이런 내적 상태의 부재는 내적 감정을 추구하는 로봇공학에 골치 아픈 문젯거리를 안겨주는데, '진짜' 감정과 '거짓' 감정의 구분은 노인이나 아이, 환자 등 취약 계층에 도움을 주는 로봇들의 행위에 중대한 윤리 문제를 야기하기 때문이다. 사실 인간이 느끼는 '진짜' 감정과 로봇들의 '조작된' 감정의 이분법은 인공행위자와 인간 사이의 정서적 교류에서 발생할 수 있는 위험성에 대한 고민에서 큰 부분을 차지하고 있다.

제3장 말미에서 보겠지만 오늘날 연구들은 감정의 내적/외적 측면의 구분과 상관없이 소셜 로봇의 효과적인 실용화가 양측의 관계 속에서 찾아질 거라 보고 있다. 나아가 소셜 로봇공학은 감정의 두 측면에서 특징적 현상들이 상호적 자기강화mutual self-reinforcement[21]를 통해 발생한다는 사실을 또렷이 보여주고 있다. 감정의 내적/외적 측면을 구별하고 진실한 감정현상과 거짓된 감정표현을 연구 주제로 삼는 것은 이론상으로만 가능하다. 즉 둘은 사실상 다르지 않으며 두 측면을 분리해내는 것도 불가능하다는 얘기다.

제4장에서는 더 나아가 소셜 로봇공학이 논의의 근거로 삼지만 현실에는 잘 맞지 않는 방법론적 원칙들을 부정하게 될 것이다. 내적 감정과 외적 감정을 나누는 이론에 대한 반박은 최근의 신경과학 연구와 인지과학에서 체화된 인지embodied cognition의 급진이론에 의해 지지를 받고 있다. 나아가 이 책의 저자 중 한 사람은 감정표현에 의해 이루어지는 감정 교환 행위가 상대의 행위의도를 파악하고 동료들 간 의견을 조율하기 위한 메커니즘이라고 주장한다.[22] 그의 주장에 따르면, 우리가 보통 '감정'이라고 부르는 것은 지속적인 의견조정 메커니즘이 어떤 균형점에 이르렀을 때의 '돌출 순간salient moment'

이다. 다시 말해 감정은 행위자 자신의 내적 사건이라기보다 둘 또는 여러 행위자들의 상호작용이 함께 이루어낸 결과로 나타난 돌출 순간이기 때문에 개인적이라기보다 공적인 영역에 속한다는 것이다.

정서 공조affective coordination라는 측면에서 보면 인간처럼 내적 상태를 지닌 진짜 감정의 로봇을 만들 것인지 아니면 인간의 감정을 흉내만 내는 로봇에 만족할 것인지는 문제가 되지 못한다. 여기서 중요한 것은 어떻게 하면 감정표현을 통해 서로의 행위의도를 규정하는 상호적인 역동 과정dynamic process에 로봇을 참여시킬 수 있을까 하는 것이다. 이 역동 과정을 통해 로봇이 인간 파트너에게 그리고 인간이 로봇 파트너에게 어떻게 다가갈 것인지가 결정되는 것이다. 우리는 제미노이드Geminoid, 파로Paro, 카스파KASPAR라는 대표적인 세 로봇들을 통해 인간 파트너들과의 정서적 공조 가능성과 그 한계를 타진하며 이 장을 마무리 지을 것이다.

감정에 대한 이런 새로운 접근법은 로봇-인간 관계에서 비롯된 윤리 문제들을 바라보는 기존의 사고를 변화시킬 것이다. 로봇들의 감정이란 것이 속기 쉬운 인간들의 약점을 이용한 기만이라는 의심이나 인공행위자들의 조작된 감정에 말려들 위험성에 대한 우려 등은 더 이상 연구 주제로 합당치 않다. 공조 메커니즘에 참여한 로봇이 만들어내는 인위적인 공감은 착각을 이용한 기만이 아니다. 이런 공감은 수 세기에 걸쳐 우리와 관계를 맺어온 가축들이나 반려동물들과 비슷한 방식으로 (그러나 다른 과정을 거쳐) 인간의 새로운 사회적 파트너인 로봇들과의 공진화coevolution에 길을 열어줄 것이다.[23]

마지막 제5장에서는 새로운 시각을 가지고 오늘날 정치적 쟁점으로 떠오른 자율무기와 군사로봇의 윤리문제에 관해 논의해 볼 것이다. 군사로봇을 사회적 행위자로 보는 시각에 독자들은 놀랄지 모른다. 하지만 우리가 이런 논의를 하려는 데에는 몇 가지 이유가 있다. 지금의 로봇 윤리는 대리로봇과 그 밖의 자율적 행위자들을 구분하지 않으며, 때문에 윤리적 차원에서 자율행위자와 자율무기조차 구분하지 않는다. 오늘날 로봇 윤리에서 어디까지를 인공행위자로 볼 것인가와 그것들이 수행할 수 있는 역할이 어디까지인가는 매우 중요하다. 게다가 군사로봇의 윤리 문제는 탁상공론에 머물 수 없는 시급하고 첨예한 문제들과 맞닿아 있다. 그럼에도 윤리학자들은 자율적 인공행위자들이 사회적, 윤리적으로 진정한 의미의 자율성을 가지고 있지 않으며, 따라서 감정도 가지고 있지 못하다는 생각에 빠져 있다. 우리가 앞서 제기했던 바와 같이, 인간과 동일한 자율성을 지니지 못했기에 진정 자율적이라 할 수 없는 인공행위자들에 대한 거부감도 여기에서 비롯된다.

이제 우리는 로봇 윤리나 로봇공학 윤리, 기계 윤리 등에서 '윤리'가 무엇을 의미하는지 반문해 보아야 한다. 이런 윤리학은 로봇들이 본래 프로그램 된 의도에서 벗어나지 않는다는 의미에서만 윤리적이라는, 군사로봇의 윤리 전략을 그대로 따르고 있다. 기존 윤리학에서 '자유'의 문제와 상관없이 로봇 윤리에는 본질적으로 '정치적' 사안들이 개입한다. 이는 두 가지 형태의 자율행위자나 인지시스템들의 차이, 즉 윤리-정치적 문제를 불러일으키는 당사자인 사회적 행위자와 우리 인간을 향해 윤리-정치적 문제를 제기하는 사회적 행위자의 차이와도 관계가 있다.

후자에 속하는 행위자들은 눈으로 볼 수 없는 알고리즘으로 이루어져 복잡한 시스템에 가려진 채 스스로 결정을 내리는 존재들이다. 여기서 적을 공격하여 살상하거나 당신의 카드 지불을 거절할 수 있는 권한을 자율적 행위자들에게 맡겨야 할지 등의 문제는 중요치 않다. 왜냐하면 이런 자율행위자들은 우리의 일상생활을 조직하고 변화시킬 권한을 소수의 입안자나 결정권자들에게 집중시키기 위해 만들어진 인지 복제물 cognitive clones에 불과하기 때문이다. 윤리적 딜레마 같은 건 알지도 못할 뿐더러 알 필요성도 느끼지 않는 이런 자율적 행위자들은 윤리를 넘어 정치적인 본질의 문제들을 우리에게 던져준다.

보통 생각과 달리 인공의 사회적 행위자들은 우리가 스스로 결정을 내려야 할 상황들을 줄여주기보다는 늘리는 경향이 있다. 이는 우리가 인공행위자들과의 관계에서 선험적으로 윤리적 해답을 제시하지 못하는 이유이기도 하다. 이에 대한 해답은 인간과 로봇의 관계를 진전시키면서 순차적으로 찾을 수밖에 없다. 그래서 우리는 인간과 인공행위자의 공진화를 통해 진행되는 윤리적 실험에 '인공 윤리 synthetic ethics'라는 이름을 붙여주려 한다. 이는 윤리적인 탐구인 동시에 지적 탐구이기도 하다. 이런 접근을 위해서는 고대인들이 보여주었던 신중함과 지혜가 필요하다. 왜냐하면 기존의 로봇 윤리가 추구했던 원칙이나 규범보다 더 예민한 도덕적 감수성이 요구되기 때문이다. 우리가 이 윤리를 '인공적synthetic'이라 부르는 이유는 공진화의 환경에서 앎이 곧 행위이고, 새로운 윤리규범을 발견하는 것이 곧 이제껏 없던 사회적 행위자라는 새로운 발명품을 창조해내는 일이기 때문이다.

제1장

대리로봇

시행한다는 말은 실현한다는 말과 동의어가 아니다. 기술적 시행은 주체가 즉각적인 효용성에 따라 자유 의지를 통해 우연을 실현해내는 것과는 다르다. 기술적 조작은 자연 법칙의 진리를 현실로 실현하는 순수 시험이다. 따라서 인공이란 인조물이나 조작물이 아닌 야기된 자연이라 할 수 있다.

- 질베르 시몽동

 로봇공학에서도 볼 수 있지만 과학기술 발전에 대한 전망은 언제나 근시안적이어서 얼마 지나지 않아 곧 오류가 밝혀지곤 한다. 그 주된 이유 중 하나는 사람들이 세상을 주어진 무엇으로 보고, 과학이 이를 발견하고 기술이 변화시킨다고 착각하기 때문이다. 사람들은 이렇게 과학기술이 아직 알려지지 않은 미래의 세상을 보여줄 거라 믿는다. 하지만 변화란 과학적 발견에 뒤이어 일어나는 무엇인가가 아니다. 오히려 변화한 세상이 과학적 발견의 주요인이 된다. 세상의 변화가 무작위로 일어나거나 예측 불가능하다는 얘기를 하려는 것이 아니다. 시몽동도 말했듯이 과학기술이란 '자연현상의 법칙'이 현실 속에서 구현되도록 하는 것이다. 이렇게 볼 때 소셜 로봇 기술이 가장 많이 적용되는 곳이 의료나 군사 분야라는 건 우연이 아니다.[24] 이제 누군가를 죽이고 살리는 일을 '대리로봇'이나 '인공행위자'에게 맡겨야 하는 시대가 되었다. 여기서 생기는 윤리적 문제는 논외로 하더라도 소셜 로봇의 발전은 '대립'과 '협력'이라는 인간의 두 가지 주요한 속성을 잘 보여준다. 인공 창조물의 발전 앞에 더 이상 기술결정론은 통하지 않는다. 인간 사회를 근본적으로 변화시키는 것은 과학기술의 발달이 아니다. 오히려 이미 만들어졌거나 만들고자 하는 인공 창조물들이 우리 인간사회의 본질적인 측면을 반영한다.

불쾌한 골짜기 효과

40여 년 전에 일본의 로봇공학자 모리 마사히로[25]가 소위 '불쾌한 골짜기uncanny valley' 효과라는 가설을 내놓았다. 아직까지 입증되지 않았지만 이 가설은 연구자들이 로봇과 인간의 사회적 상호작용을 이해하는 데 길잡이 역할을 하고 있다. 모리의 이론을 간략히 설명하자면 이렇다. 인간의 모습과 비슷할수록 우리는 로봇에 친밀감을 느끼게 된다. 〈표1〉에서 상승하는 곡선은 로봇이 사람과 비슷할수록 높아지는 친밀감을 표시한다. 하지만 이런 친밀감은 유사성이 일정 정도에 이를 때까지만 유효하다. 유사성이 정도를 넘어서는 순간 돌연 부정적 요인이 되며 로봇에 대한 친밀감의 그래프 곡선은 급격히 추락한다. 인간과 매우 닮았으면서도 뭔가 다른 안드로이드는 갑자기 낯설고 불쾌한 존재가 된다. 이것이 바로 '불쾌한 골짜기' 가설이다. 불쾌함의 골짜기는 인간과 안드로이드가 불완전한 유사성을 보일 때 시작되어 구별이 거의 불가능해질 때 갑자기 끝난다. 그리고 유사성이 완벽함을 넘어설 때 그래프는 다시 상승을 시작한다. 예를 들어 안드로이드가 인간의 평균적 모습보다 부처상에 닮아갈 때 우리는

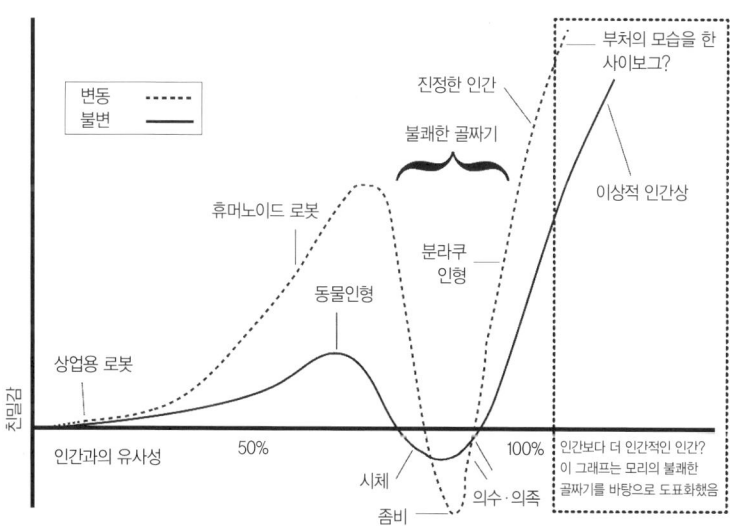

〈표1〉

다시 로봇에게 친밀감을 느낀다.

눈에 띄는 아주 미세한 차이와 불일치가 우리로 하여금 안드로이드를 참을 수 없게 만든다는 것이 이 불쾌한 골짜기에 대한 해석이다. 인간과 거의 흡사하지만 완전히 같지는 않다는 사실이 불쾌감의 이유라는 것이다. 이렇게 미세한 '다름'은 불쾌감과 혐오감을 유발하는 것으로 여겨진다. 모리는 실험을 통해 사람들이 로봇이란 사실을 모르고 안드로이드의 손을 잡게 했다. 마치 시체처럼 차갑고 딱딱한 안드로이드의 손을 잡는 순간 사람들은 소스라치게 놀라 급히 손을 빼냈다. 불쾌한 골짜기에 내던져진 것이다.

이 실험에 주목한 일부 로봇학자들은 인간과 로봇 사이 외관상 차이를 완벽의 수준까지 줄이려고 노력한다.[26] 기계에 대한 친근감이 갑자기 위협으로 바뀌는 정확한 지점을 알아내기 위해서다. 이 연구를 통해 추측할 수 있는 것은 우릴 두렵게 만드는 것이 로봇과 인간의 차이가 아닌 극도의 유사성이란 사실이다. 우리가 로봇을 가장 두려워하는 때는 차이가 사라지고 로봇과 인간이 다른 존재라는 걸 확신하지 못할 때인지도 모른다.

그렇다면 왜 이런 현상이 일어날까? 첫째로 우리가 일상에서 겪게 되는 타인과의 관계의 어려움을 들 수 있다. 상대에 대해 잘 모르거나 사회관계의 규약이 제대로 작동하지 않을 때 우리는 불편함을 느낀다. 갑자기 낯선 이와 마주해야 하는 상황에서도 이런 불안과 공포가 나타난다. 특히 정해진 규범의 틀 밖에서 관계가 이루어질 때 불편함은 커진다. 우리가 타인과 안전하고 편안한 관계를 유지하려면 행동 매뉴얼과 공통의 언어, 의례, 절차 등이 꼭 필요하다. 어쩌면 문화란 것도 여러 개인들 간에 편한 관계를 위해 만들어낸 발명품일 수 있다.[27] 두 번째 이유도 같은 문제의 다른 측면으로 볼 수 있다. 우리가 인간과 비슷한 기계를 만들려 애쓰는 건 엄밀히 말해 그것들이 우리와 다르기 때문이다. 우리는 인간보다 능력이 우수한 기계를 원하면서 한편으론 그것들이 인간보다 우월하지 않기 바란다. 아니, 적어도 인간과는 다르기를 바란다. 이렇게 우리는 로봇이 단순한 기계에 머물러 있기를 바란다. 그리고 타인과의 관계에서와 마찬가지로 통제 가능하고, 내 뜻을 거스르지 않으며, 예측 가능하길 바란다.

따라서 우리가 두려워하는 것은 인공행위자들이 우리와 다른 게 아니라 인간처럼 불확실하고 예측 불가이며 위험해지는 것이다. 우리가 만든 수많은 로봇, 즉 인공행위자들은 이제 다른 인간들만큼이나 알 수 없는 존재가 되었다.[28] '로봇'이란 단어를 탄생시킨 1920년대의 희곡에서도 로봇들은 기계노예로 등장하지만 인간과의 차이가 사라지는 순간 반란을 일으킨다. 이처럼 우리가 처음 상상했던 로봇은 인간과 완전히 같지 않아도 인간과 비슷하며, 인간만큼 위험할 수 있는 존재다. 로봇은 인간이 할 수 있는 모든 걸 할 수 있지만 결국 인간이 아니다. 장점이든 단점이든(정확히는 장점이자 단점일 것이다) 로봇을 가치 있게 만드는 것은 바로 이런 차이다.

전혀 다른 것보다는 지나치게 유사한 게 문제일 수 있음을 모리가 제시한 '불쾌한 골짜기' 가설은 보여주고 있다. 모리의 그래프는 로봇이 인간과 백퍼센트 닮게 되는 지점에서 끝날 거라는 예상을 깨고 계속해서 이어진다. 친밀감과 소통의 용이성을 보여주는 곡선은 완벽한 닮음의 지점을 지나 이상적 인간을 예술적으로 표현한, '인간을 넘어선 인간' 또는 '부처의 안드로이드' 단계까지 상승한다. 이런 상승곡선을 통해 우리는 인간과 완전히 같아지는 것이 이상적 로봇이 아니라는 걸 알 수 있다. 오히려 인간과 닮기를 포기함으로써 상황은 좋아진다. 즉, 불쾌한 골짜기 너머에 '마이너스의 차이', 로봇이 인간과의 유사성으로부터 멀어지는 상태가 존재하는 것이다. 로봇이 인간과 점점 비슷해져 '마이너스적 차이'가 줄어들 때 로봇과 인간의 관계는 편해지지만, 유사성의 정도가 극대화되는 지점에 이를 때 갑자기 파국이 찾아온다. 이어서 로봇이 건강한 보통의 인간과 완전히 같아졌을 때 불쾌한 골짜기에서 벗어나며, 골짜기를 넘어서면 로봇과 인간의 친밀감은 다시 상승곡선을 그린다. 여기서 골짜기 너머로 나타나는 '플러스적 차이'는 마치 부처처럼 로봇이 우월하고 완벽한 존재가 되어 우리로부터 멀어지고 있음을 나타낸다. 이렇게 유사성을 넘어 '플러스적 차이'로 상승곡선이 이어지는 걸 보면 너무 비슷해져서 식별이 안 될 정도의 비슷함이 오히려 문제가 된다는 사실을 알 수 있다.

  모리가 언급하진 않았지만, 골짜기 너머의 상승 곡선은 우리가 은연중 현실 너머의 초월적 창조물을 바라고 있음을 보여준다. 우리가 인공의 존재에게 진짜로 바라는 건 인간과 닮았으면서도 인간과 다른, 인간보다 못하지만 인간보다 우월한 이상적인 모습이다. 이렇게 자신이 만드는 로봇을 통해 우리는 스스로에겐 없는 완전성에 다가가려 한다.

필립 피넬Philippe Pinel은 〈정신이상 또는 강박에 관한 의학철학 논설〉(1801년) 3장에 실린 '정신이상자와 백치들의 기형적 뇌 형태에 관한 해부학적 연구'라는 글에서 이상적인 얼굴 형태와 지적 능력의 관련성에 대해 이야기했다.[29] 그는 정신이상자들의 두개골과 델포이 신전에 있는 아폴론상의 얼굴 비율을 비교해 보았다. "인간의 가장 완벽한 비율과 조화를 지닌 얼굴"[30]과 "비정상적인 얼굴"의 미적 차이를 측정한 것이다. 물론 여기서 '이상형'의 기준은 통계적 표준이 아닌 이상적 표준이었다. 모리도 상호관계에서 자신을 닮은 상대보다 예술적 이상형을 표현한 인공의 존재가 더 편안함을 느끼게 할 거라고 추측했다. 모리의 표현대로라면 "부처 모습의 사이보그가 인간보다 더 인간적일 수 있다"는 것이다. 피넬과 마찬가지로 모리도 여러 결점을 지닌 인간보다 인공의 존재가 인간의 이상향에 더 가깝다고 보았다. 인산이 기교를 부려 만든 기계에는 적어도 우리가 되고 싶어하는 형상을 담을 수 있기 때문이다.

사실 인공의 존재들이 우리보다 우월하고 그들이 우리를 우리가 상상하는 완벽한 세상으로 인도해 줄 거라는 믿음은 오래전부터 존재했다.[31] 예로부터 우리는 말하고 움직이는 조각상을 신의 현신 또는 예언자로 여겼다. 이를 원시신화나 순진한 대중을 현혹하는 종교적 속임수로만 볼 수는 없다. 존 코엔John Cohen도 얘기했지만, 사제들이 조각상을 조종하여 움직이게 만드는 짓은 다들 뻔히 아는 속임수였다. 하지만 이런 행위는 우리가 흔히 말하는 '속임수'와 다르다. 왜냐하면 이런 트릭은 '불신 유예suspension of disbelief'의 상태에서 이루어지기 때문이다. 이 '속임수'는 단순한 트릭이나 기만이 아니라 준비된 상태에서 이루어지는 일종의 연극이었던 것이다.

모리는 이 '불신 유예'라는 아이디어에 동의한다. 거의 40년이 지난 오늘날도 불쾌한 골짜기의 저편의 인공 창조물들은 사이언스픽션의 영역에나 존재하는 것으로 여겨진다. 모리가 상상한 불쾌한 골짜기 너머의 세상은 아직 존재하지 않으며 앞으로도 존재하지 않을지 모른다. 하지만 이런 상상 속엔 스스로 만든 창조물에서 인간의 이상형을 찾으려는 염원과 우리의 '진짜' 모습을 보게 될지도 모른다는 두려움이 동시에 깔려있다.

철학자 귄터 안더스 Günther Anders는 자기가 만든 뛰어난 작품 앞에서 인간이 느끼는 수치심을 "프로메테우스적인 수치심"이라 불렀다. 그래서 불쾌한 골짜기는 우리에게 다음과 같은 사실을 말해준다. 즉 인간은 언제든 자기가 만든 기계나 인공물을 본인보다 우월하다 여길 수 있으며, 이런 감정이 수치심이나 경외감을 불러일으킨다. 또한 로봇이 인간과 흡사할 때 느끼는 불편함은 낯선 사람들과 함께 할 때 느끼는 관계의 어려움을 드러내 준다.

대리로봇

사실 로봇들은 모두 다르다. 로봇들은 인간 앞에서 평등하게 창조되지 않았다. 어떤 로봇도 같은 형태로 또는 완벽하게 인간과 닮지 않았다. 로봇들은 각자 인간을 닮은 면과 그렇지 않은 면을 동시에 가진다. 어떤 로봇은 주방기구로 사용되고 어떤 로봇은 비행기의 일부로, 어떤 로봇은 공장 노동자나 자동무기로 사용된다. 또는 용어 그대로 '대리^{substitut}' 임무를 수행하는 로봇도 있다. 로봇의 분류는 자연적인 종 분류와 다르다. 로봇은 같은 특징을 지닌 사물의 집합체라기보다 느슨한 유사성으로 연결된 다의적 집단이다. 이렇게 다양하고 잡다한 군으로 이루어진 로봇들 중에서도 대리로봇은 가장 매력적이지만 가장 두렵고 골치 아픈 존재들이다. 대리로봇들은 인간세계의 이웃이나 동료들처럼 협력자인 동시에 적이 될 수 있기 때문이다. 아니, 대리로봇은 동시에 둘 모두가 될 수 있다.

    대리자라 하면 대리교사나 대리검사처럼 남의 자리를 차지하지 않고 일을 대신해줄 수 있는 존재를 말한다. 대리로봇은 남을 도와 더 많은 일을 할 수 있게 해준다. 일테면 대리로봇은 출장을 대신 가거나 여러 업무를 동시에 처리할 수 있게 해준다. 대리로봇은 적어도 업무에 있어서만은 사람만큼의 능력과 자질을 갖춰야 한다. 또 단순한 역할놀이가 아니라면 위임자의 권한, 즉 판단과 결정의 권한도 가져야 한다. 대리로봇이 일을 대신하려면 위임자는 반드시 권한의 일부를 나눠줘야 한다. 때로 대리로봇이 위임자의 책임을 모두 물려받는 경우도 있지만 이는 매우 드문 일이다. 위임자의 능력이 아무리 부족해도 대리로봇이 도와주는 사람의 자리를 전적으로 물려받는 일은 거의 없다. 대리의 목적 자체가 위임자가 잠시 부재하거나 역할수행이 힘들 때 또는 현장에 직접 모습을 나타낼 수 없을 때 임무를 대신하는 것이기 때문이다. 대리로봇은 특사나 외교사절처럼 위임된 권한을 가진다. 하지만 그런 권한은 늘 부분적이며 특정 경우, 특정 상황, 특정 시간에 한한다. 대리로봇의 임무 자체가 이런 역할을 하는 것이기 때문이다.

인간을 대신하여 특정 업무를 처리하면서 지위는 물려받지 않는 '대용자surrogate'를 만드는 것이 소셜 로봇공학의 주요 목적이다. 의료도우미, 독거노인들을 위한 반려로봇, 아이를 돌보는 유모로봇 등은 자리를 차지하지 않으면서 사람의 사회관계를 대신하는 사회적 행위자들이다. 의료도우미로봇, 유모로봇, 반려로봇 등은 간호사, 부모, 친구들을 쓸모없는 존재로 만들거나 자리를 빼앗지 않으며 특정 상황에서 일시적으로 그들을 대신한다.

하지만 모든 소셜 로봇이 여기에 속하진 않는다. '레이존'의 경우가 그렇다. 이 전동침대로봇은 몸이 불편한 사람들이 누웠다 앉았다 하며 마음대로 자세를 바꿀 수 있도록 해주고, 휠체어로 변신하여 쉽게 이동할 수 있게도 해준다. 레이존은 간호사 없이도 환자가 자유로이 움직이게 해주지만 사회적 행위자로 볼 수 없으며 대리로봇도 아니다. 공장 조립라인에서 노동자들 대신 작업하는 산업용 로봇도 마찬가지다. 이들은 단순히 자리를 대신할 뿐만 아니라 공정 자체를 변화시키고 사람의 자리를 없애버리기도 한다. 이때 로봇은 노동비용 대비 경제적 이윤을 구성하는 투자자본의 한 요소다.[32] 하지만 소셜 로봇들은 다르다. 로비 안내원 로봇, 간호보조 로봇, 반려동물 로봇 등은 일시적으로 누군가의 자리를 차지하지만 업무의 일부를 대신할 뿐 사람을 완전히 대체하지 않는다. 즉 사람의 자리를 빼앗지 않는다. 지금 우리가 논하려는 대상은 소셜 로봇으로 분류되는 모든 인공행위자들이 아니라, 현재 대리로봇으로 일하고 있거나 그런 목적을 지닌 로봇들이다. 현재의 로봇들은 대부분 불완전하거나 부분적으로만 이런 역할을 수행한다. 하지만 완벽한 대리로봇을 만드는 건 소셜 로봇공학이 추구하는 가장 큰 목표다. 로봇공학 기술은 이제 공상과학이 품었던 꿈의 일부를 겨우 실현해낼 수 있는 단계에 와 있을 뿐이다.

대리로봇들은 움직이는 기계, 즉 "살아있는 도구"라는 점에서 아리스토텔레스가 말한 노예를 닮았다. 대리로봇들은 그때그때 일을 대신하지만 인간의 역할을 온전히 대체하지는 못한다. 노예들처럼 자기들이 맡은 부분적인 일만을 할 뿐이다. 대리로봇들은 로봇이지 인간은 아니다. 하지만 시간이 많이 흐르면 이들도 옛날 노예들처럼 도구의 처지에서 벗어나 자신들의 권한을 가지게 될 것이다. 대리로봇이 된다는 것이 공인된 지위를 가지게 되는 것이라면 (쉽지 않더라도) 원칙상 완전하고 정당한 권한이 있어야 한다. 만약 대리로봇이 법적 지위를 부여받는다면 그는 제한적으로나마 위임받은 권한을 행사할 것이다. 그렇지만 한낱 물건에 불과한 대리로봇에게 어떤 권한을 부여할 수 있을까? 순수한 의미의 대리물, 즉 권한을 행사할 수 있는 무생물을 창조해내는 일은 우리에게 어떤 의미를 가질까?

무목적의 로봇

"나는 목적 없는 로봇을 만들려 한다." 아기 바다표범을 닮은 반려로봇 파로의 용도에 대해 물었을 때 개발자인 시바타 다카노리가 한 말이다. 조금은 과장이 있지만 그는 중요한 사실을 지적하고 있다. 병원이나 양로원에서 애완동물을 대신하는 파로가 특정 임무를 수행한다고 말하기 어렵다. 정확히 말하면 파로는 사람들에게 즐거움이나 위로를 주고 적적함을 달래주는 역할을 한다. 파로에겐 특별히 정해진 역할이 없다. 설거지나 청소 등과 달리 반려자의 역할은 한정되거나 미리 정해져 있지 않기 때문이다. 아니, 목적을 가진다 해도 사회적 행위자는 잔디깎기 로봇이나 자동문과 달리 목적을 넘어선 행위를 할 줄 알아야 한다. 즉 사회적 행위자는 그때그때 상황에 대처할 줄 알아야 하며, 당장 하던 일을 멈추고 다른 것에 관심을 돌릴 줄 알아야 한다.

사회적 존재는 한 가지 목적에만 복무하지 않는다. 그들은 시간과 상황에 따라 각기 다른 일을 수행할 줄 안다. 대리로봇이라 불리는 소셜 로봇도 정의상 하나의 역할이나 기능만을 위해 존재하지 않는다. 만약 그렇다면 사회적 존재라 할 수도 없을 것이다. 사회적 존재는 사회성 자체 이외의 다른 목적을 가지지 않기 때문이다. 사회성은 목표나 궁극의 가치를 빼앗긴 물질문명 속에서 이런 것들을 생성해내는 것이다. 사회성은 인간의 본질적 속성이다. 모든 목표들은 사회적 존재인 우리가 스스로 부과하거나 외부로부터 주어진다. 환경적 제약이나 강요로 같은 행위만 반복하도록 강요받을 수도 있지만 인간이 이를 뛰어넘을 수 있는 것은 사회적 존재로서 타고난 능력을 가지고 있기 때문이다. 인간의 이런 사회성은 개인들이 행위를 서로 조율할 수 있기에 가능한 것이다.

노예, 하인, 노동자들이 기계보다 뛰어난 것은 (이것은 동시에 결점이기도 하지만) 순간의 상황에 적응하고 대처할 수 있기 때문이다. 인간들은 상황에 맞춰 사회적 행동을 조직하고 그 성격과 형태를 변화시킬 수 있기에 어떤 기계들보다도 다양한 상황에 대처할 수 있는 반면, 행위를 통제하거나 질서를 유지하는 데 어려움을 겪는다. 이는 예측 불가능한 상황에 대처하는 능력이 훨씬 떨어짐에도 기계나 기술 시스템에 의존하려는 이유이기도 하다. 위계질서를 지닌 모든 조직은 제한적이고 정해진 업무만 수행케 함으로써 인간이 지닌 무한대의 조율능력을 억제한다. 그리고 가능하면 하나의 업무만 할 줄 아는 기계에게 일을 맡기려 한다. 브뤼노 라투르Bruno Latour[33]가 즐겨 사용하는 '아상블라주assemblage'란 개념도 여기서 나온다. 의견을 조율하는 능력을 제한하고 억누르지만 기술의 발달을 가능케 하는 전문화와 특화는 인간 사회성의 핵심이자 고유 특성이다. 그러나 여타 기계들과 달리 대리로봇이라는 이름의 소셜 로봇은 인간의 공조능력을 제한하기보다 활용하고 모방하려 한다.

저녁을 준비하고, 바지를 수선하고, 청소기를 돌리고, 아이들을 학교에 데려다 주고, 정원을 가꾸고, 숲에서 멧돼지를 사냥하고, 크리스마스트리를 장식하고, 플루트를 연주하고, 오늘 늦겠다고 집에 전화해 줄 수 있는 인공행위자는 아직 존재하지 않는다. 기술적 문제만은 아니다. 이 중 한두 가지를 수행할 수 있는 인공행위자들은 많다. 예를 들어 전화를 걸거나, 플루트를 연주하거나, 청소기를 돌릴 수 있는 로봇은 지금도 있다. 정원을 가꾸거나, 아이들을 학교에 데려다주거나, 바지를 수선하거나, 저녁을 준비하거나, 숲에서 멧돼지를 사냥하는 로봇도 가능하며, 그중엔 시제품이 출시된 것도 있다.

그러나 이 모두나 일부를 동시에 할 수 있는 로봇을 만들려면 기술적 어려움 외에도 다른 차원의 문제들이 있다. 한두 가지 일만 할 수 있는 기구를 만들려면 기술적 문제만 해결하면 되지만 이런 업무들을 알아서, 스스로, 자연스럽게, 순차적으로 처리하려면 사회성과 관계성이라는 문제를 해결하고 넘어가야 하기 때문이다.

이른바 '사회적 존재'로서 해야 할 일들의 목록은 무한대에 가깝다. 그리고 이런 사회적 존재들이 대처해야 할 일들의 목록들을 기계에 전부 입력하는 건 불가능하다. 우리가 원하는 소셜 로봇은 예측 못했던 새로운 상황에 대응하는 능력이 필요하다. 물론 일어날 수 있는 '모든 상황'에 대처해야 하는 건 아니다. 로봇이 인간처럼 무한대의 논리적 상황이나 규정되지 않은 애매한 임무들에 대처할 수는 없다. 사회적 인공행위자가 가능한 것은 역할 범위가 정해진 일들이 많기 때문이다. 또 무한대의 선택지들 가운데 가능성이 낮은 것들은 미리 배제할 수도 있다. 백화점 안내원이나 간호보조사 등의 업무가 로봇이 대신하기에 가장 적합한 일들이다. 하지만 소셜 로봇이라면 실시간으로 반응하며, 상황에 적응하고, 상대와 의견을 조율하는 일을 모두 할 줄 알아야 한다. 아무리 세심하게 가상 시나리오를 짜고, 업무 범위를 한정하고, 행위를 제한하여 예측 가능성의 범위 안에 두려해도 인간과 로봇이 상호공조하는 상황들을 배제할 수는 없다. 이런 적응능력과 조율능력을 위해 인공의 사회적 행위자는 일반 기계와 달라야 한다. 바로 이런 사회적 능력이 특정 업무나 기능만 수행하는 로봇과 소셜 로봇의 차이다. 시바타가 정의했듯이 인공으로 사회성을 만들어내는 일은 "특정한 용도 없이 모든 일을 할 수 있는 로봇"을 만들어낼 때에 가능하다.

실재하기

현대의 첨단기기들과 소셜 로봇을 구분하는 두 번째 특징은 실재감 presence[34]이다. 앞에서 대리로봇은 파트너의 부재를 채워줄 수 있어야 한다고 했다. 이런 의미에서 실재란 곧 행위이다. 반면, 오늘날의 많은 기기들은 자기 일을 수행할 때 스스로를 드러내지 않으며 오히려 모습을 감춘다. 자기 기능을 수행하면서 눈에 띄지 않는 특성은 정보통신 기술 분야에서 특히 두드러진다.[35] 우리가 일상에서 흔히 보는 스크린화면들은 자기가 투사하는 이미지들 뒤로 모습을 감추려는 특성을 가지고 있다. 컴퓨터, 휴대전화, 스마트폰 등은 고장나거나 본래의 기능에서 벗어날 때 비로소 자기 실재를 드러낸다. 컴퓨터를 다른 방으로 옮기려 할 때, 종이가 날리지 말라고 휴대전화기를 얹어 둘 때, 기기를 잃어버려 찾으려 할 때 등이 그렇다. 일상에서 자기 모습을 드러내던 기기들도 본래 기능을 수행할 때엔 물체로서의 모습을 감춘다. 자기 본래 기능을 수행하는 동안 그것들은 '투명체'가 된다. 그것이 작동하는 동안 우리가 기기 자체가 아닌 기능이나 업무에만 주목하기 때문이다.

오늘날 우리가 더 가볍고, 더 얇고, 더 작고, 더 눈에 안 띄는 스마트워치나 스마트안경 등을 만들려 경쟁하는 건 정보통신기기의 상업적 전략과 맞아떨어져서이다. 이제 첨단기기들이 시장에서 성공하려면 기술력과 함께 '물리적 소멸성'이라는 목표가 만족되어야만 한다. 사용자의 피부에 인공지능 칩 하나만 끼워 넣으면 완전히 모습을 감춘 채로 우리로 하여금 뭔가를 할 수 있도록 만들어주는 사이보그 기술은 이런 소멸성의 정점을 보여준다.[36]

앞의 경우와 밀접한 관계가 있는 또 다른 형태의 기술적 '부재'가 있다. 하지만 여기서 부재하는 것은 기기가 아니라 사용자 자신이다. 컴퓨터, 태블릿피시, 스마트폰은 우리가 사는 실제 공간과 비슷하지만 다른 웹상의 가상세계로 우릴 인도한다. 이런 관계에선 '거리'의 개념이 없다. 물리적 거리와 상관없이 이곳은 네트워크 속 행위자들의 '로컬리제이션'만이 문제되는 커뮤니케이션 공간이다. 이 공간에 접속한 사람은 사회적 공간에서처럼 실재할 필요가 없다. 우린 지금 화면 앞에 있지만 손가락만 자판 위에 둔 채 실제론 다른 곳에 머물고 있다. 어딘가에 계속 실재해야 한다는 점에서 이런 물리적 '부재'는 책읽기에 빠진 독자의 그것과도 다르다. 여기서 '어딘가'는 책을 읽거나, 꿈을 꾸거나, 공상에 빠질 때와 같은 정신적 공간이나 가상세계가 아니다. 상대가 내 앞에 실재하지 않아도 지금 우리는 실제 '어딘가'에 있는 타인과 소통하며 관계하고 있기 때문이다. 그곳은 물리적 공간은 아니지만 우리가 현존하는 유사 공간이다. 그곳이 단순한 가상공간이 아닌 이유는, 그 공간에서 우리가 하는 행위가 현재 머물러 있는 물리적 삼차원 공간과 실제 세상에 영향을 미치기 때문이다. 그곳은 실재 세계와 물질성을 공유하고, 현실 세상과 마찬가지로 내 존재를 인정받으며, 탈육체화, 탈지역화 되었음에도 현실에 영향을 미칠 수 있다. 다시 말해, 물리적 공간을 공유하지 않기에 아무 곳에도 없지만 어디에든 있는 또 다른 형태의 실재 presence이다.

이와 달리 대리로봇들은 물리적, 사회적 공간에서 타인들 앞에 적극적으로 실재하길 원한다. 이런 적극적 실재는 대리로봇들이 목적을 수행하기 위한 필수조건이기도 하다. 로봇은 삼차원의 물리적 공간에 실재한다. 따라서 인공행위자로서의 로봇은 화면 속에서 디지털화된 숫자로 존재하는 가상 행위자 virtual agent[37]들과 명확히 구별된다. 소셜 로봇들은 단단하고 구체적인 물질들로 이루어져 있다. 이들은 물리적으로 우리와 다른 공간에 있지 않으며 우리는 그 공간에서 스스로 사라짐으로써 빠져나올 수 없다. 그들은 우리가 있는 장소에서 우리와 직접 접촉한다. 그들은 사용 중에 스스로 사라지지 않으며 오히려 적극적으로 자신의 물질성을 증명하려 한다. 간호보조사로봇, 치료도우미로봇, 반려로봇 등은 현실 공간에서 인간과 함께하며 임무를 수행한다. 그들은 자기 모습을 감추려 하지 않고 비물질성을 가장하려 하지도 않는다. 그들은 우리를 가상세계로 인도하는 인터넷 사이트들과 전혀 다른 방식으로 우리와 함께한다. 그들은 물질적, 사회적으로 존재하며 실제 모습을 가지고 있다. 이렇게 물리적 공간에서 함께할 수 있다는 점이 우리가 소셜 로봇을 만드는 가장 큰 이유이기도 하다. 이는 육신이 없는 가상의 인공행위자들에겐 불가능한 일이다.

대리로봇의 존재 방식은 원격조종 로봇의 그것과도 다르다. 이론상으론 원격조종 로봇도 대리로봇처럼 육체를 지녔고 물리적 공간에서 활동한다. 또한 대리로봇처럼 사회적 존재의 속성을 지닌다. 하지만 이 속성은 그들의 것이 아니라 어딘가에서 그들을 조종하는 인간의 것이다. 대리로봇은 인간의 지위를 대신한다. 대리로봇은 단순한 대용품이 아니라 자율성을 지닌 주체이다. 이런 점이 대리로봇을 행위(특히 전화선 너머로 전달되는 말을 통한 언어행위)에 몸만 빌려주는 삼차원 영상이 아니라 진짜 사회성을 지닌 소통상대로 만들어준다. 이렇게 대리로봇들이 몸으로 표현하는 사회적 행위는 로봇들 자신의 것이며, 부재하는 누군가를 재현하기 위한 것이 아니다.

권한

대리로봇의 세 번째 특징은 자신의 행위에 대한 권한 authority을 지닌다는 것이다. 많은 도구들이 권한을 갖도록 만들어졌다. 방의 넓이를 재는 줄자나 온도계, 고도측정기, 수심측정기 같은 측정 도구들은 오작동하거나 측정이 잘못되었다고 여겨지지 않는 한 그 결과에 대한 권한을 가진다. 하지만 엄밀히 말하면 이것이 진짜 권한이라고 보긴 힘들다. 이 기기들이 제공하는 정보를 사용자가 반드시 참고할 의무가 없기 때문이다. 측정한 결과를 받아들이지 않거나 오류라고 단정한다고 규율 위반이나 권한에 대한 도전으로 받아들일 수는 없다.

하지만 일반적인 의미에서 권한을 가진 기계들을 상상해볼 수도 있다. 예를 들어 당신의 거래정보에 따라 카드지불을 승인하거나 거절하는 은행 정보 시스템은 권한을 가졌다고 볼 수 있다. 하지만 이런 식의 해석엔 문제가 있다. 이 시스템들은 다른 권한들과의 관계를 모두 배제하고 최종적인 결과만 대신하기 때문이다.[38] 다시 말해 이들에게 이미 주어진 값 외의 다른 행위들을 기대할 수 없다. 이 시스템들은 사회적 관계 속에서 이미 예정된 결과를 얻어내거나(당신의 예금에 대한 접근을 허용하거나 금융사고 방지를 위해 차단하는 등의) 또 다른 의미의 권한을 대신할 뿐이다. 사실상 자동화기기는 은행이나 카드발급회사로부터 아무 권한도 위임받지 못했으며 이를 행사할 수도 없다.

특정 장소에 산업폐기물을 버릴 수 있도록 허가권을 가진 사람은 권한을 가졌다 할 수 있다. 그의 결정이 부당하거나 권한을 넘어섰거나 나쁜 결과로 이어졌다면 그는 자신의 결정에 대해 해명하거나 책임져야 한다. 하지만 카드 지불 시스템은 지불요청에 대한 승인이나 거부에 대해 아무 책임도 지지 않는다. 책임지지 않는다는 것,

이것이 바로 그것의 존재 이유이기도 하다! 이 기계는 미리 정해진 컴퓨터 알고리즘과 통계수치에 따를 뿐이다. 신속하게 결정하고 처리하는 것이 이 자동화기기의 주요 목적이지만, 책임자의 부재로 고용을 대신할 때의 이익은 분명 있을 것이다.[39] 이런 책임의 소멸은 꼭 물리적 강제력이 아니더라도 힘의 관계에서 어떤 권한관계의 변화를 의미하기 때문이다.

권한은 인정받을 수 있을 때에만 존재한다. 그런데 자동지급 시스템은 책임자나 권한자를 알 수 없다. 결정 과정을 아무도 모르며 대부분의 사람들은 지불을 결정하는 알고리즘이 있다는 사실조차 모른다. 여기서 권한에 따른 관계의 변화는 당신이 (적어도 당장은) 결정을 되돌리거나 항의할 수 없다는 데에서 오지 않는다. 그것은 복종할 수밖에 없는 결정이 당신 의사와는 상관없이 내려진다는 데에 있다. 모든 권한 관계는 어찌 보면 정치적 관계라 할 수 있다.

교사는 교실 안에서 권한을 가진다. 교사는 수업을 방해하는 학생을 제지하거나 교실에서 쫓아낼 수 있다. 학생들이 결정을 따르는 것은 교사의 권한을 인정하기 때문이다. 만약 아이를 교실에서 내쫓기 위해 강제력을 동원해야 한다면 교사에겐 권한이 없는 것이다. 때론 권한 관계에서 물리력이 최종 수단이 되기도 하지만, 엄밀히 말해 권한은 물리력에 의존하지 않기 위해 필요하다. 약화된 권한을 물리력으로 되찾으려는 시도는 실패하기 쉽다. 오늘날 흔히 볼 수 있는 자동화 기기들은 권한 관계를 힘의 관계로 바꾼다. 이 기계의 결정에 우리는 대응할 수도, 근거를 물을 수도 없을 뿐더러 어디에 물어야 할지도 모르고 무조건 따라야 한다. 기계화는 이렇게 순수한 권한의 관계를 권력의 관계로 바꾸며, 주어진 조건에 순응하게 만든다.[40]

대리로봇을 통해선 권한관계의 환경을 바꾸어 사회적 관계를 제한, 억제하거나 단순화하는 일이 불가능하다. 로봇이 간호보조사, 보모, 유아 돌봄이, 안내원의 임무를 수행하려면 스스로 권한 관계를 만들고 유지할 줄 알아야 안다. 돌봄이 로봇들은 감시카메라처럼 관찰하는 대신 행동으로 아이들을 위험으로부터 떼어놓거나 다른 데로 관심을 돌려야 한다. 대리로봇들은 물리력에 의존하지 않고 이런 일을 할 수 있어야 하며, 자신을 파손하거나 작동을 멈추려는 시도로부터도 스스로를 지킬 줄 알아야 한다. 소셜 로봇들은 인간의 대화상대가 되어 자기주장을 내세우고 어느 정도는 상대방으로부터 존중 받을 수 있어야 한다. 사회적 대리로봇은 이런 의미에서 보이지 않는 곳에 숨어서 작동하는 자동화기기와 뚜렷이 대별된다.

기계와 사회적 행위자

권한, 사회적 실재 그리고 인간 파트너들과의 지속적 공조 능력, 이 세 가지가 대리로봇을 보통의 기계들과 구분해주는 특징들이다. 지금까지 여러 종류의 소셜 로봇들이 발명되있다. 가정에서 노인들과 친구가 되어주고 약을 챙겨주는 로봇이 있는가 하면 환자들의 이동이나 목욕을 도와주는 로봇도 있다. 병원이나 양로원의 중앙통제실과 연락을 주고받는 로봇도 있다. 이 로봇들은 피보호자들이 돌봄을 거부하거나 넘어지거나 위험에 처할 때 도움을 요청할 수 있다. 또한 강제력을 동원하지 않고 위험하다고 판단되는 행위들을 제지할 수 있다. '지능형 주택'에서도 이런 로봇들의 활약을 볼 수 있다. 여기서 로봇들은 매순간 사용자의 움직임을 관찰하고 사고에 대처하며, 필요하면 사고 예방 차원에서 방의 모습을 바꾸기도 한다. 로봇과 인간이 공존하는 이곳은 조용하고 유연한 통제를 통해 거주자들의 행복을 지켜주도록 고안된 파놉티콘과도 같다. 앞에서 본 로봇들은 모두 소셜 로봇들이라 할 수 있으며 이들을 움직이고 통제하는 환경도 소셜 로봇공학에서 나왔지만 이 기계들은 모든 면에서 대리로봇과 다르다.

브뤼노 라투르Bruno Latour는 유압식 개폐문이나 카메라 인식 자동문, 광전자 인식 자동 개폐문과 고기 굽는 용수철회전식 꼬챙이까지 모두 인간과 동등한 '행위자actant'로 본다. 인간과 도구이면서 거꾸로 인간의 행위에 영향을 미치는 인공 기술체가 모두 같은 행위자라는 것이다. 사회적 행위나 사회 내에서 차지하는 기술문명의 위치를 이해하려면 인간 행위자와 비인간 행위자를 동일선상에 놓고 보아야 한다는 게 그의 주장이다. "공학도라면 결코 인간과 사물을 다른 선상에 놓고 보면 안 되며, 행위 프로그램이란 측면에서만 인간에 속한 부분과 비인간에 맡겨진 부분을 보아야 한다."[41]

이를 위해 라투르가 내놓은 예는 흥미로우면서도 일견 설득력이 있다. 하지만 그가 자주 예로 드는 자동 개폐문은 인간 행위자의 역할을 수행하면서도 인간을 대신하진 않는다. 물론 비용 최소화 요구에 따라 벨보이의 업무 범위는 이미 많이 줄어들었으며, 기계가 직업을 사라지게 함으로써 발생한 손실은 기계 행위자의 도입이 경제성이나 효율성 측면에서 주는 이익에 비해 (고장만 나지 않으면 문은 언제나 닫히므로) 무시할 정도로 작다고 할 수 있다.[42] 여기서 기계 메커니즘이 인간을 대신하게 된 것은 그런 기계가 발명되었기 때문이라기보다 이전에 사회관계의 변화가 있었기 때문이다. 하지만 업무 효율성을 높이기 위해 비인간행위자를 도입하며 탈사회화가 가속화된다 해도, 비인간 행위자의 능력은 인간 행위자의 그것에 비해 제한적일 수밖에 없다. 예를 들어 호텔의 자동문은 고객의 돌발행동에 대처하거나 문밖에 있는 통행인의 문의에 응답할 수 없다. 또한 술에 취한 고객을 부축하거나 문 앞에서 장난치는 아이들을 말릴 수도 없다.

인간의 사회적 행동을 따라할 수 있는 행위자를 만들어내는 건 원칙상 가능하다. 자동 개폐문처럼 프로그램된 대로만 행위하는 기계장치에 만족하지 못한다면 말이다. 하지만 진짜 사회적 행동을 하는 인공행위자를 만드는 일은 자동잠금장치 같은 기계를 만드는 것과 다르다. 또한 사회적 행위를 분리해 인간 파트와 비인간 파트로 나누어 배치하는 전자감시시스템과도 다르다. 이런 차이는 정확히 짐꾼과 벨보이와 대리로봇의 사회성의 차이와 같다. 즉, 사람이든 로봇이든 사회적 행위자는 상대방에게 실재감을 주고, 여러 상황에 대처할 수 있으며, 필요에 따라 상대 파트너와 행위를 공조하고, 최소한의 권한을 지닐 수 있어야 한다. 이는 자동 개폐장치나 고기 굽는 용수철회전식 쇠꼬챙이에겐 없는 능력이다. 사회적 실재감을 지니지 못한 자동 기계장치들은 용도나 목적에 맞게 작동하는 순간 자기 존재를 감춘다. 이들은 미리 예정된 기능만 (라투르의 용어를 빌리면 자신에 할당된 행위 프로그램 파트만) 수행할 뿐 아무 권한도 가질 수 없도록 설계되었다. 따라서 기술적인 면에서 대리로봇을 만드는 일은 기계를 만드는 것과 전혀 다른 문제일 수밖에 없다.

자율성

이제까지 살펴본 소셜 로봇의 세 가지 특성들(권한, 존재, 적응, 무한 공조 능력)을 종합해 보면 대리로봇들은 '사회적 자율성social autonomy'을 지닌 존재라고 말할 수 있다. 하지만 모든 소셜 로봇들이 자율성을 지녔다고는 볼 수 없다. 소셜 로봇 중에는 인간의 원격조종으로 움직이는 로봇들도 있기 때문이다. 사회적 역할을 수행하려면, 다시 말해 진정한 대리로봇이 되려면, 보다 특별한 형태의 자율성을 지녀야 한다.

데이비드 맥팔랜드David McFarland는 동물이나 로봇 행위의 자율성을 독립성의 정도에 따라 세 단계로 나누었다. 첫째는 에너지 자율성energy autonomy으로, 이는 두 번째 자율성인 동기적 자율성motivational autonomy의 필요조건이기도 하다. 그리고 첫 번째와 두 번째 자율성은 다시 세 번째 자율성인 심적 자율성mental autonomy의 필요조건이 된다.[43] 에너지 자율성이란 필요한 에너지를 스스로 조달할 수 있는 능력이다. 예를 들어 잔디깎기 로봇은 자신의 건전지가 소진될 것 같으면 스스로 충전기에 접속한다. 맥팔랜드는 잔디깎기 로봇이 동기적 자율성도 함께 가지고 있는 것으로 본다. 동기적 자율성이란 동기에 따라 스스로 행동을 결정하는 능력이다. 그래서 잔디깎기 로봇은 스스로의 결정에 따라 충전기에 접속하거나 잔디를 깎으러 갈 수 있다. 맥팔랜드에 따르면 아무도 해야할 일을 지시하지 않는다는 점에서 잔디깎기 로봇의 동기는 자기 통제 하에 이루어진다. 마지막으로 심적 자율성을 지니려면 기계는 스스로 심적 작용의 주체가 되어야 한다. 맥팔랜드는 "심적 자율성을 지닌 로봇은 외부 통제로부터 자유로워야 한다"고 말한다.[44] 하지만 잔디깎기 로봇의 '심적 상태'는 사실 외부에 의해 통제되고 있기 때문에 여기 해당하지 않는다. 잔디깎기 로봇이 잔디를 깎거나 충전을 '원하는' 것은 이 로봇이 상황에 맞게 행동하도록 미리 프로그래밍 되어 있기 때문이다.

    자율성을 세 가지 형태로 구분하는 맥팔랜드의 시도는 많은 문제점을 노출한다. 잔디깎기 로봇의 예가 이를 잘 보여주는데, 로봇의 에너지 자율성을 가능케 해주는 것이 다름 아닌 동기적 자율성이기 때문이다. 로봇이 에너지 욕구를 지녔다고 할 수 있는 건 건전지가 다되었을 때 로봇이 스스로 충전하려 하기 때문이다. 즉 로봇은 에너지가 완전히 바닥나지 않도록 스스로 필요한 조치를 취한다. 하지만 누군가 로봇의 전원을 켜주어야 에너지 자율성을 발휘할 수 있다면 잔디깎기 로봇은 온전한 에너지 자율성을 가졌다고 할 수 없다. 자신의 '내적 상태'(건전지의 충전 상태)를 인식하는 능력, 스스로 움직여 충전소를 찾아가는 능력, 자기에게 필요한 행위를 스스로 하는 능력이 없으면 로봇은 에너지 자율성도 없다. 따라서 앞의 예만을 볼 때 이를 두 가지 다른 종류나 다른 수준의 자율성이라고 보기 힘들다.

그렇다면 낮 동안에 밤중에 쓸 에너지를 저장해 두는 태양광전지 조명도 에너지 자율성을 가진 것으로 볼 수 있을까? 하지만 이 조명장치는 스스로 아무것도 할 수 없다. 이런 기능은 전적으로 외부에서 결정되기 때문에 행위라기보다 상태에 가깝다. 움베르토 마투라나Humberto Maturana와 프란시스코 바렐라Francisco Varela도 이런 자율성 개념의 혼란에 문제를 제기한다. 이들에게 자율적 시스템이란 자신과 환경에 의거해 스스로의 기능적 온전성을 보존할 수 있도록 행위하는 시스템, 즉 스스로 기능할 수 있는 기본 한계값을 유지할 수 있는 시스템을 말한다.[45] 태양광 조명은 여기에 해당되지 않는다. 건전지가 일정 수준 아래로 떨어지지 않게 할 수 있다는 점에서 잔디깎기 로봇은 미약하나마 이런 능력을 가지고 있다. 따라서 지금 문제가 되는 것은 자율성의 종류나 정도가 아니라 단 한 가지 능력, 즉 자신이 움직일 수 있는 힘을 스스로 유지할 수 있는가이다.

자율성이란 시스템의 내재적 특성intrinsic characteristic이 아니라 관계적 속성relational property이라 할 수 있다. 즉 자율성이란 시스템이 계속 존속하고 정상적으로 기능을 유지할 수 있는 능력을 말한다. 명심해야 할 것은 이런 능력이 행위자가 활동하는 환경으로부터 독립적이지 않는다는 점이다. 이 능력을 위해서는 시스템이 자기의 기능 조직을 유지하고 보호할 수 있는 '적정한' 환경이 반드시 필요하다.

잔디깎기 기계는 전기 공급 장치와 충전소가 있어 전원을 접속할 수 있는 환경에서만 소위 에너지 자율성을 지닐 수 있다. 이런 원칙은 '동기적 자율성'의 경우도 마찬가지다. 잔디깎기의 자율성은 잔디를 깎기 '원하거나' 충전을 '원하거나' 하는 두 가지의 옵션에만 한정된다. 따라서 이런 선택 상황은 로봇의 행위 가능성을 두 가지의 좁은 범위로 한정하는 환경 속에서만 의미가 있다.

맥팔랜드가 말한 세 번째 심적 자율성의 개념이 헷갈리고 잘 맞지 않는 것도 이 때문이다. 이런 종류의 자율성을 지니려면 무엇보다 행위자가 자기 환경에서 독립적이어야 한다. 아니, 적어도 스스로 그렇게 생각해야 한다. 왜냐하면 여기서 문제되는 것은 단순한 행동이 아니라 환경 밖에서 생성된 생각이나 상상을 실천하는 일이기 때문이다. 맥팔랜드의 주장처럼 잔디깎기 로봇에게 심적 자율성이 없다면, 그긴 소위 '심석 상태'(잔디를 깎을 것인지 충전을 할 것인지 등을 선택하는)라는 것이 프로그래머라는 외부요인에 의해 주어지기 때문이다. 로봇은 외부 컨트롤 없이 스스로 어떤 심적 상태도 만들어낼 수 없다. 하지만 잔디 깎기 로봇의 '심적 상태'가 행위의 동기를 구성한다고 볼 때, 그의 주장대로라면 잔디 깎는 로봇은 동기적 자율성도 지니지 못한다. 왜냐하면 이때 동기적 자율성은 동기가 아닌 심적 상태에 달렸기 때문이다. 차라리 잔디깎기 로봇이 동기적 자율성[46]과 에너지 자율성만큼의 심적 자율성을 지니고 있다고 말하는 것이 옳다. 왜냐하면 이 세 가지 자율성은 전혀 구분되지 않으며 아무 차이도 없기 때문이다.

순수하거나 완전한 자율성은 없다. 맥팔랜드가 생각하는 대로의 심적 자율성이란 존재하지 않을 뿐더러 가능하지도 않다.[47] 자율성은 적정 환경 속에서 가능한 행동들에만 적용되기 때문에 상대적이고 관계적이다. 자신을 둘러싼 환경으로부터 완전히 독립적일 수 있다는 생각은 착각일 뿐이다. 자율성은 주변상황을 변화시킬 수 있는 여러 행동의 가능성에서 생겨난다. 행위자의 자율성은 언제나 주어진 맥락이나 환경 안에서 일어나며 하나의 히스토리를 낳는다. 자율적 행위자가 선택한 옵션(즉 로봇이나 생물체가 자기 목적에 이르기 위해 취하는 행위)은 다시 그 행위로 인한 상황의 변화를 가져오며, 이러한 상황의 변화는 다시 행위자가 자율성을 발휘하기 위한 선택환경에 변화를 가져온다. 이런 환경변화는 다시 행동을 제한하고 로봇이나 생명체에게 새로운 행위의 선택가능성(기술용어로는 어포던스affordance라 부른다[48])을 던져준다. 다시 말해 모든 자율적 단위들은 자신의 자율성이 안정적으로 뿌리내릴 수 있는 적합환경을 생성하게 되어있다. 맥팔랜드의 잔디깎기 로봇이 지닌 자율성이 사실보다는 은유에 가까운 이유도 여기에 있다. 이 기계는 자기의 존재를 가능케 하는 적합환경을 만들어낼 수 없을 뿐더러 유지할 수도 없다. 미리 생성된 자율성을 외부로부터 공급받을 뿐이다. 로봇은 외부세계, 특히 자신을 책임지는 누군가에게 전적으로 의존한다. 잔디깎기 로봇은 매우 제한된 방식으로만 자기 환경을 변화시킬 수 있다. 이 기계는 제때에 풀을 깎고 충전하는 일 외에는 아무 것도 할 줄 모르며, 그것이 유일한 존재의 이유이다.

스스로 환경에 적응할 줄 아는 소셜 로봇이라면 인간과의 관계에서도 어느 정도 유연성을 지녀야 한다. 즉 대리로봇이라면 자기의 적합한 환경을 구축할 줄 알아야 한다. 이에 필요한 것은 에너지 자율성이나 동기 자율성이 아니다. 대리로봇이 한 가지 기능만 수행하거나 하나의 행동 프로그램에만 의존해선 안 되는 이유도 여기에 있다. 자동개폐문이나 꼬치구이용 용수철회전식 쇠꼬챙이와 달리 소셜 로봇들은 정해진 행동을 중단하거나 포기하고 상대와의 관계를 다시 조율하고 설정하는 '유연성'을 지닌다. 이런 능력은 두 가지 측면을 가진다. 첫째로 로봇은 진행 중인 행위가 파트너에 의해 방해받거나 중단되었을 때 적절히 대처할 줄 알아야 한다. 둘째로 로봇은 외부의 개입에 대응하여 하던 일을 멈추거나 포기할 줄 알아야 한다. 하지만 계획된 행동으로부터의 이탈이 무작위로 이루어져선 안 된다. 그것은 상대와의 의견 조율을 위해서나 식별 가능한 규칙성을 지니는 '한도 내'에서 이루어져야 한다.[49] '한도 내'에서 이루어진다고 이런 이탈이 꼭 행동의 규칙성을 나타낼 필요는 없다. 다만 이런 이탈이 이후의 상호작용에서 표현으로 간주되는 규칙성이 만들어질 수 있으면 된다.[50]

이런 의미에서 자율성은 매우 개체적인 특성이다. 어떤 개체들은 자율성을 지니지만 다른 개체들은 그렇지 못하다는 얘기다. 사회적 자율성은 관계적인 성격을 지니기 때문에 준거 틀이 되는 배경이 있어야 한다. 행위자는 자신이 활동하는 환경의 일원으로 존재할 때에만 사회적 자율성을 가질 수 있다. 이런 환경은 잔디 깎기 로봇의 환경처럼 자율성을 행사하기 적합하도록 조성되어 있어야 한다. 하지만 소셜 로봇의 환경은 잔디깎기 로봇의 환경과 달리 (게임이론의 용어를 빌리자면) 매개변수적parametric이라기보다 전략적strategic이다.[51] 환경은 로봇의 행위에 즉각적이고 유의미한 반응을 보이는데, 로봇들의 환경이 주로 사회적 파트너들과의 상호작용으로 이루어지기 때문이다. 급작스런 환경의 변화는 로봇이 원래의 목표에 이르는 걸 방해하기도 하지만 새로운 행위의 가능성을 열어주기도 한다.

마치 인공호흡기를 부착한 환자처럼 외부로부터 계속 에너지를 공급받아야 하는 로봇은 맥팔랜드의 '에너지 자율성'을 지니고 있지 않다. 인간 노예나 (인간의 조종에 따라 원격으로 움직이는) 반半자율로봇은 모두 '동기 자율성'을 가지고 있지 못하다. 하지만 사회적 파트너들과의 변화하는 관계에 적응하면서 지속적으로 공조관계를 유지할 수 있다면 이들은 사회적 자율성을 지녔다고 볼 수 있다.[52] 사회적 협력관계 여부는 단순히 (영화를 보러 가거나 트럭에서 짐을 내려주는 등의) 특정 임무를 수행할 수 있는가에 있지 않다. 사회적 협력관계는 행위자들이 서로 다른 이유와 목적을 가지고 있으면서도 지속 반복적으로 상호작용할 수 있는가에 달려있다. 따라서 사회적 협력을 위해선 특정 업무뿐 아니라 다른 일들에 대해서도 상호 협조하는 능력이 필요하다. 이런 협력coordination과 재협력re-coordination의 조건을 만족시킨다면 사회적 자율성을 지녔다고 (노예의 경우가 여기에 해당한다) 할 수 있다. 행위의 특정 측면과 관련되어 있긴 하지만, 사회적 자율성은 규범적 개념이 아니며 행위자의 자유의지 같은 형이상학적 요구와도

관련이 없다.⁵³

과학 실험도구로서의 로봇

"자동로봇은 아직 흉내조차 낼 수 없는 인간만의 고유한 특징이 세 가지 있다. 첫째로 로봇들은 웃을 수 (혹은 울 수) 없고, 둘째로 로봇들은 부끄러워하지 않으며, 셋째로 로봇은 자살하지 않는다."⁵⁴ 존 코엔John Cohen이 50여 년 전에 한 얘기다. 이 말은 지금도 타당하다. 뇌를 일종의 기호처리장치로 보았던 고전 패러다임이 오랫동안 외면했던 감정이 인지과학 분야의 주요 연구 분야로 떠오른 지금 다시 생각해야 할 주제다. 게다가 '발제enaction'나 '체화된 마음embodied mind' 같은 마음에 대한 새로운 접근은 이전까지 비인지의 영역으로 여기고 합리적 사고를 가로막는 장애물로까지 여겼던 인간의 몸과 마음을 인간 이해의 핵심으로 여기고 있다.

    존 코엔은 인공행위자를 만들 때 부딪히는 가장 큰 어려움이 인간의 신체 메커니즘을 제대로 이해 못하는 데에서 온다고 말한다. 예를 들어 어떤 상황과 이유에서 얼굴을 붉히는지, 무엇 때문에 웃는지 (또는 눈물을 흘리는지), 왜 자살을 하는지 정확히 밝혀지지 않았다는 것이다. 솔직히 말해 우리는 위의 질문에 단편적으로밖에 대답하지 못한다. 웃고, 울고, 부끄러워하고, 자살하는 행동들은 전형적인 사회적 행동이다. 이런 특징들은 인간들이 사회적으로 이합집산하는 데 핵심 역할을 한다. 우리는 다 함께 웃거나 서로를 향해 웃는다. 우리는 타인 앞에서 얼굴을 붉히며 남이 내게 한 행동이나 남에게 닥친 일 때문에 울고 때론 자살도 한다. 하지만 존 코엔의 지적처럼 우린 이런 행동을 하면서도 그것이 어떤 의미를 지니고 어떤 사회적 기능을 하는지, 무엇이 그렇게 만드는지 잘 알지 못한다. 더 큰 문제는 인간만의 독특한 사회성에 대한 연구가 아직까지 미개척 분야로 남아있다는 점이다. 무엇 때문에 인간은 집단을 이루며 살까? 무엇이 개인으로 하여금 패턴에 따라 행동하거나 그렇지 않도록 할까? 인간의 학습능력을 발휘하도록 만드는 요소는 무얼까? 타인과 함께하고 거기서 만족을 느끼는 이유는 무얼까?

많은 로봇공학자들이 자신들이 만드는 소셜 로봇을 인간의 사회적 본성을 이해하기 위한 실험도구나 연구재료로 생각한다. 앞의 질문들에 당장 답을 주진 못해도 사회적 인공로봇을 만드는 일이 이런 연구에 의미 있는 발전을 가져다줄 거라 믿는다. 그렇게 믿는 이유는 크게 두 가지다. 첫째, 양로원이나 학교, 병원 또는 슈퍼마켓에 사회적 파트너인 로봇을 투입하는 것 자체가 하나의 사회적 실험이기 때문이다. 이들에 대한 (분노, 짜증, 즐거움, 애착 등을 통한) 수용이나 거부반응 그리고 여기서 발생하는 장단기적 효과는 명확하지 못해도 인간의 사회성이란 측면에 많은 정보를 주기 때문이다.

삼차원 세상에서 물질적으로 존재한다는 점이 로봇과 가상 행위자들을 뚜렷이 구분해 준다. 가상 행위자들은 화면상에서만 존재한다. 이들은 시청자들이 받아들일 때, 즉 사람들이 스크린 속에 보이는 것들에 흥미를 느낄 때에만 제 역할을 한다. 이런 가상의 행위자들에 의존해 연구할 때 부딪치는 가장 큰 문제는 시청자들이 관심이 없거나 다른 데로 눈을 돌리면 다른 방법이 없다는 점이다. 반면에 로봇은 자신의 존재를 강요할 수 있다. 로봇은 우리가 있는 물리적 공간에 직접 개입한다. 우리에게 관심을 보이는 로봇과 대면하면서 존재를 무시하거나 외면하긴 어렵다. 가상의 행위자들에 대한 반응은 공연예술에 대한 관람객의 반응, 대중매체에 대한 대중의 반응을 통해 얼마든지 분석이 가능하지만 로봇에 대한 반응은 전혀 다르다. 가상의 행위자들에겐 '불쾌한 골짜기'가 없다. 왜냐하면 이들은 스크린 속에만 존재하고 우리가 있는 삼차원의 물질적 세계엔 나타나지 않기 때문이다.[55] 비교하자면 소셜 로봇이 세상에 도입되는 건 문명 이전의 세상에 새로운 통신기기를 전하는 대신 인류학자가 직접 찾아가는 것과 같다.

둘째, 자율적인 소셜 로봇을 만드는 건 웃거나 얼굴을 붉히는 등 우리도 모르는 기능을 로봇에게 적용하는 일이다. 물론 보는 이들을 웃고 울리고 기쁨이나 부끄러움 등을 매우 사실적으로 표현할 수 있는 가상 행위자들을 만들어낼 수는 있다. 대중 오락물 속의 가상 캐릭터들이 그렇다. 그들은 현실과 상상의 세계를 착각하게 만들 정도로 우리 가까이에 있다. 하지만 이들에겐 실재하는 육체가 없다. 그래서 같은 행위를 육체를 지닌 인공행위자들에게 적용하려면 또 다른 기술적, 윤리적 문제들이 생겨난다. 우리는 사람들이 울고 웃고 얼굴을 붉히고 자살하는 수많은 상황에 대한 방대한 목록을 작성할 수 있다. 하지만, 이러한 목록들만 가지고 로봇을 윤리적으로 행동하게 만들 수는 없다.

그러므로 로봇의 현실화는 이를 통하지 않곤 이해 못할 인간의 행동을 더 깊이 살펴볼 기회를 준다. 여기서 우리는 두 가지 사실을 알아야 한다. 첫째는 우리가 어떤 행동을 진정으로 이해 못하면 로봇들에게 표현행동을 심어줄 수 없다는 것이고, 둘째는 이런 행동들을 진정으로 이해해야만 비로소 인공행위자들의 행위에 자율성을 부여할 수 있다는 점이다. 이런 이중의 연구를 통해 소셜 로봇은 과학실험의 도구가 된다. 나아가 인간의 전형적인 행동과 다른 행동까지 할 수 있는 로봇을 만든다면 인간의 사회적 행동이 지니는 역할과 의미를 제대로 이해한 것이 된다. 이는 우리의 연구를 선순환으로 이끌어 줄 것이다.

소셜 로봇, 특히 대리로봇을 만들려는 시도는 인간의 마음을 연구하는 심리철학과 인지과학 분야에도 큰 영향을 미쳤다. 이를 둘러싼 논쟁은 소위 '고전적 인지주의'를 주장하는 쪽과 '단순 체화 simple embodiment'에서 '본질적 체화 radical embodiment'까지[56] '마음의 체화'[57]를 주장하는 쪽 사이에서 벌어졌다. 고전적 인지주의자들은 컴퓨터를 인간의 마음을 가장 잘 설명해주는 은유로 여겨왔다. 그래서 생물학적 뉴런과 집적회로, 뉴럴 네트워크 모델에서의 인공 뉴런 등은 물질적 속성만 다를 뿐 컴퓨터적 능력과 동일한 것으로 보았다. 이런 시각이라면 마음은 육체를 지니지 않는 순수 지능체로 볼 수 있다. 그리고 마음을 행위를 통해 실현되는 소프트웨어적 기능 같은 것으로, 다른 종류의 본체로 옮겨 다니며 작동할 수 있고 복제 가능한 무엇으로 볼 수 있다. 즉 마음은 컴퓨터 프로그램처럼 디스크등의 형태로 보존되며 우리가 죽은 뒤에도 적합한 환경만 만나면 영원히 존속할 수 있게 된다. 하지만 마음에 대한 새로운 견해에 따르면 마음은 뇌의 영역에만 머물지 않는다. 마음은 뇌의 영역을 벗어나 몸속에서 체현될 뿐 아니라 심지어 우리가 쓰는 도구와 기술로까지 확장이 가능하다.[58]

이렇게 소셜 로봇공학은 논쟁의 주제 자체를 바꾸어 버렸다. 소셜 로봇 실험의 성공과 실패는 인지 행위가 어떻게 사회적으로 공유되는지 잘 보여준다. 하지만 로봇공학은 컴퓨터를 일종의 인지활동으로 봄으로써 마음의 사회적 확산이 인간의 생각을 단독적이고 유아론적 활동으로 여기게 되는 모순에 빠지는 우를 범하기도 한다.

인지cognition의 사회적 공유는 행동doing이자 창조making이다. 이것은 처음에 사회 환경을 변화시키지만 곧 사회 환경뿐 아니라 물리적 환경까지 변화시킨다. 이렇게 소셜 로봇공학은 세상을 변화시킴으로써 인간 사회의 본질을 드러내주고 인간에 대해 이해하게 해준다. 소셜 로봇이 우리 인간에 대해 더 많은 것을 가르쳐 줄 거라 말하는 또 다른 이유가 있다. 일부 자율성을 지닌 인공행위자의 도입은 인간 사회성의 본질을 밝혀주어 인간, 사회를 더 잘 이해할 수 있게 해주기 때문이다. 사회적 인공행위자는 우리가 지금까지 이해하거나 예측했던 것과 다른 방식으로 세상을 변화시킬 것이다. 왜냐하면 이들을 원인으로 한 변화 자체가 우리가 세상을 이해하는 과정으로 작용할 것이기 때문이다.

　이런 과정엔 아무런 모순도 없다. 가스통 바슐라르$^{\text{Gaston Bachelard}}$가 말했듯이 현대과학은 세상을 변화시킴으로써 세상을 발견해 나가기 때문이다. 과학은 현상을 탐구하는 것이 아니라 현상을 창조하는 것이다. 과학은 현상들에 개입하여 길들이고 질서를 부여하여 우리의 뜻에 복종하도록 만든다. 질베르 시몽동$^{\text{Gilbert Simondon}}$이 지적하였듯이 인공이란 유도된 자연이기 때문이다.

제2장

동물, 기계, 사이보그, 택시

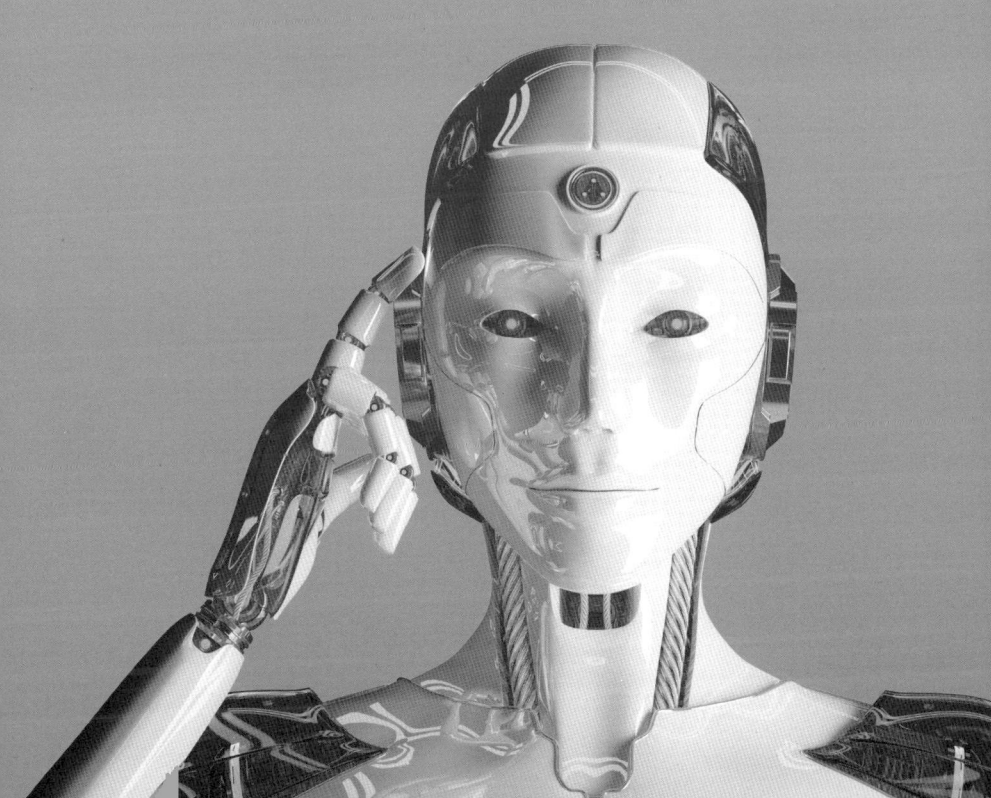

> 둘이나 그 이상의 사람들이 같은 사실을 알고 있을 때 우리는 무언가를 '인식한다'고 말한다. 이처럼 인식한다는 것은 무언가에 대해 함께 아는 것이다.
>
> - 토마스 홉스

인공 동물행동학

인공 동물행동학artificial ethology이란 로봇 실험을 통해 동물의 행동 패턴을 분석하고 재현하는 연구 활동을 말한다.[59] 인공 동물행동학의 목적은 단순히 동물을 모방한 인공물(소위 'animat'라 부르는)을 만드는 것이 아니다. 동물과 전혀 닮지 않아도 그들의 행동 특성을 보여주는 인공 창조물을 만드는 것이다. 예컨대 출렁이는 바닷물 속에서 냄새만으로 홍합이나 조개를 쫓아가는 '로봇 바다가재'를 만드는 일이 그렇다. 소용돌이치는 물속에서 냄새의 밀도를 추적해 거리를 감지하는 일은 (육지에서처럼) 결코 간단하지 않다. 바다 속에서 냄새는 간헐적으로 끊어지며 물결에 따라 방향도 수시로 변한다. 그런데도 바다가재는 용케 먹이를 찾아낸다. 비슷한 노래 소리를 내는 여러 종들 가운데 같은 종의 수컷 소리를 찾아내는 귀뚜라미 로봇도 마찬가지다. 귀뚜라미 암컷은 어떻게 다양한 수컷들 중 자기와 같은 종의 노랫소리를 찾아낼 수 있을까? 같은 종의 귀뚜라미 소리를 감지할 수 있는 인지자원cognitive ressource은 과연 무엇일까?

인공 동물행동학은 이런 행위를 규명하기 위해 로봇을 이용한다. 이 로봇들은 소셜 로봇도 아니고 대리로봇은 더더욱 아니다. 하지만 이 로봇들은 지식발전과 기술개발을 위해 훌륭한 과학 교재로 이용된다.[60] 이들 연구의 목적은 동물 행동의 수수께끼를 풀기 위한 인공행위자를 만드는 것이다. 대상을 만족스럽게 재현하는 로봇을 만들려면 그 동물이 생태환경상의 제약을 극복하기 위해 어떤 능력과 방법을 동원하는지 규명해야 한다. 그래야 동물이 당면한 과제를 어떻게 해결하는지 알 수 있다. 로봇 모델을 이용하면 그동안 인지 동물행동학cognitive ethology과 심리철학philosophy of mind 분야에서 제기되었던 가설들을 테스트하고 새로운 이론을 수립할 수 있다.[61]

사고에만 의존하는 방법에 비해 로봇을 이용한 실험은 많은 장점들을 지닌다. 그 중 가장 중요한 건 문제가 된 행동을 설명하기 위한 기존 가설들을 평가할 수 있다는 점이다. 로봇 연구 시스템에 이런 가설들을 적용하면 동물 행동에 대한 기존의 설명이 유효한지 아니면 그럴듯한 추측일 뿐인지 평가해볼 수 있다. 물론 대부분의 과학 실험들처럼 동물 행동을 모델화한 로봇 실험만 가지고는 가설의 진위 여부를 밝혀낼 수 없다. 또 로봇을 통한 접근은 특정 형태의 모델에만 적용된다는 한계를 지닌다.[62] 설사 로봇이 (앞의 예에서 본 것처럼 냄새의 진원지를 찾는다든가 같은 종의 수컷을 찾는 식으로) 동물의 행동을 그대로 재현해낸다 해도 실제 동물과 같은 인지수단과 같은 방법으로 그렇게 한 것인지 확신할 수 없다. 하지만 적어도 이런 실험을 통해 가능성은 타진할 수 있다. 로봇의 행동이 실제 동물과 같은 형태의 실수나 한계를 보여준다면 더욱 그렇다. 프랭크 그라소$^{Frank\ Grasso}$가 지적했듯이, 로봇 모델의 실패를 통해 과학계에서 널리 받아들여진 동물 행동 가설이 오류였음을 밝혀낸다면 이 또한 매우 '의미있는' 일이기 때문이다. 실제 일어날 수 있는 모든 상황과 발휘할 수 있는 모든 능력을 고려했는데도 로봇이 의도한 목표에 도달하지 못할 경우엔 더욱 그렇다.[63]

로봇을 모델화할 때 동물들이 실제 부딪힐 수 있는 여러 상황들을 고려하는 일은 매우 중요하다. 이때 로봇 이용 모델은 컴퓨터의 가상세계에 가상 행위자를 투입하는 시뮬레이션보다 큰 확실성을 보장한다. 로봇으로 실험을 하면 실험자는 여러 다른 행동들을 펼칠 수 있는 실제 환경 속에 동물들을 집어넣을 수 있다. 컴퓨터로 가상 환경을 만들려면 여러 매개변수^{parameter}들을 가지고 가상으로 만들어진 행동에 제약을 주어야 한다. 이때 모델 제작자는 동물의 특성과 환경의 요소들을 분리하여 가설에 적용하게 된다. 하지만 이렇게 논리적 장치로 재현된 세계에서 고려되지 않은 환경들은 아예 존재하지 않는 것이 되어 버린다. 이에 반해 로봇 실험은 실제 공간에서 펼쳐지기 때문에 실제 동물들이 처한 것과 비슷한 복잡한 환경 속에서 이루어진다. 인위적인 실험 환경은 대부분 실제 동물이 처한 환경과 매우 다르다. 반면 로봇의 물질성과 현재성은 동물의 행동을 컴퓨터로 시뮬레이션할 때 간과하기 쉬운 여러 환경 조건들을 충분히 감안케 해준다. 수학적 단순화를 이유로 복잡한 환경조건들을 생략하지 않으려면 신중함이 필요하고, 생물학적 지식 또한 고려되어야 한다. 하지만 로봇은 현실의 공간에서 움직이기 때문에 중요한 환경을 무시하고 부정확한 모델을 적용할 확률이 적다.[64] 로봇 시뮬레이션은 환경이 동물들의 행동을 제약하는 요소이지만 자신을 위해 활용하기 위한 기회이기도 하다는 걸 보여준다. 행동유도성 반응은 주로 예측하거나 특정하기 힘든 우발적인 상황에서 나타나지만, 실제와 매우 비슷한 환경에서 동물을 닮은 물체를 가지고 실험할 때에도 잘 드러난다. 로봇 모델이 곧잘 뜻밖의 긍정적인 발견을 이끌어내는 반면 컴퓨터 시뮬레이션은 오히려 현상을 숨기는 경향이 있다.[65]

　　로봇 모델이 기존 가설들이 예상했던 결과를 보여주지 못할 때도 있지만, 원칙적으로 불가능하다고 여겼던 현상을 보여주는 경우도 있다. 특히 이런 저런 행동의 원인이라 추측되던 인지자원이 사실로 밝혀지기도 한다. 동물 실험이 지니는 단점은 모델이 문제의 인지

능력에 적합한 행동을 보이더라도 그것이 실제 인지능력을 가지고 있어서인지 아니면 다른 이유 때문인지 확신하기가 어렵다는 것이다. 동물이 이런저런 행동을 할 수 있다면 당연히 그 행동에 필요한 인지능력을 가지고 있기 때문으로 볼 수 있다. 하지만 이런 동어반복으론 그 인지능력이 정확히 어떤 것인지 밝혀낼 수 없으며 가설이 정말 맞는지도 밝혀낼 수 없다. 반면에 로봇 실험은 가설에 의존하는 대신 특정 행위에 필요한 인지능력을 발휘할 수 있는 인공행위자를 직접 제작함으로써 이런 순환논리에서 벗어날 수 있다.

이 분야와 밀접한 연관성을 가지고 제4장에서 다룰 문제가 바로 '마음 이론'이다. 아이가 '마음 이론'[66]에 도달하는 나이를 알기 위해 심리학에서 일반적으로 사용하는 실험 중 하나가 '틀린 믿음 시험'[67]이다. 타인의 틀린 믿음을 알아보는 능력은 아이가 타자를 자기처럼 복잡한 마음 상태를 지닌 행위자로 인식하는 징표로 여겨진다. 하지만 이 실험이 얻어낸 결과가 확고하다 해도 해석에는 어려움이 따른다. 첫째로, 틀린 믿음을 전파하는 데에 필수적이라 여겨지는 '개념 능력'이 정말로 꼭 필요한 것인지 확신하기 어렵다. 두 번째로, 아이들(또는 어른들)이 사용하는 능력이 정말로 우리가 추정하는 그 능력인지 알 수 없다. 세 번째로, 자신에게 일어난 복잡한 마음 상태를 타자에게 부여하는 인지능력이 실험으로 표현되기 전부터 아이들에게 이미 있었던 건 아닌지 확신할 수 없다. 만약 그렇다면, 흔히 특정 나이에 나타난다고 믿는 틀린 믿음을 이해하는 능력에 대한 우리의 추측이 빗나간 것일 수도 있다. 문제는 이 질문에 대한 답을 오직 연구자들의 상상력에 의존해야 한다는 데 있다.

로봇을 이용하면 이런 진퇴양란에서 벗어날 수 있다. 만약 로봇이 문제의 능력을 보여준다면, 어떤 행동을 수행하는 데에 꼭 필요하다고 여겨지는 인지능력이 실재한다고 볼 수 있다. 로봇을 만든 사람은 어떤 행동에 필요하다고 판단되는 인지능력에 대해 이해하고 있기 때문이다. 설사 로봇 실험의 결과가 동물이나 아이들의 특정 행위 능력을 설명하기에 충분치 못하더라도, 논리적으로 불가능하다 여겼던 것들이 실제로 가능함을 간단한 이론으로 쉽게 설명할 수 있다는 건 큰 의미가 있다.

동물 심리에 관한 경험철학

인공 동물행동학은 동물 심리에 대한 경험철학이라 할 수 있다. 방법론적으로 로봇을 이용하여 동물의 행동을 설명하는 일은 적어도 두 가지 면에서 인지 동물행동학과 심리철학 연구에 기여한다. 먼저 오랫동안 그 정당성을 의심받았던 가설의 진위를 평가해주는 필터 역할을 해준다. 다음으로 로봇을 통해 즉각적으로 검증 가능한 새로운 가설들을 제공해 준다. 로봇을 만들어 가상이 아닌 현실의 환경에서 작동시키려면 현실 세계에서 벌어질 수 있는 제약들을 먼저 고려해야 한다. 이런 문제들을 해결하기 위한 것이 바로 가설이다. 이 가설들을 테스트해 봄으로써 우리는 실제 세상에서 일어나는 현상들에 대해 더 잘 이해할 수 있다. 로봇을 만듦으로써 우리는 가설들을 테스트하고, 개선하고, 정교하게 다듬을 수 있다. 난점을 파악하고, 문제 해결을 위한 아이디어를 내놓고, 보다 가능성 있는 가설에 접근하는 것이 바로 갈릴레오 이후 도입된 과학 실험이다.

심리철학과 인지과학에서 동물의 행동을 이해하고 시뮬레이션하기 위해 로봇을 이용하는 것은 '체화된 마음'[68] (특히 '본질적 체화'[69]라는 연구 조류)이나 '체화된 인지enaction'[70]의 연구방법과 유사하다. 인공 동물행동학 연구자들 중에는 공개적으로 이들 학문과 보조를 맞추는 이들도 있다. 물론 동물의 특정 능력만을 분리하여 모델화하는 경우가 대부분이지만, 이런 연구 결과물들을 다른 동물들에게 대입해 봄으로써 그것이 특정 동물의 특정 인지자원을 넘어선다는 걸 추측할 수 있다. 동물의 인지행동을 이해하려면 동물 신체의 물리적 특성과 치한 환경노 고려해야 한다. 동물의 마음은 순수한 정신작용으로만 이루어지지 않는다. 동물의 마음은 알고리즘이나 컴퓨터 프로그램에 비유되는 '순수 영혼'과는 거리가 멀다. 즉 그것은 어딘가에 실제로 위치하며 주변 환경과 뗄 수 없는 관계에 있다.[71] 동물들의 인지능력은 이렇게 체화된 마음 이론과 주제가 일치한다. 그것은 단지 특정 동물이 가진 두뇌 자원(신경 작용이나 정보처리 능력)만으로 이루어지는 것이 아니며, 동물이 지닌 내적 자원들과 몸 그리고 이들을 둘러싼 생태환경이 상호작용한 결과이다.

인공 동물행동학은 비교인지학과 심리철학이라 불리는 학문에도 영향을 주었다. 인공 동물학은 적어도 두 가지 방식으로 인지과학과 심리철학에 기여한다. 첫째로 로봇 모델이 몸으로 구현된 동물 지능의 다양성을 보여줌으로써 동물이나 인공물의 지적 능력이 육체나 특정 환경과 밀접한 관계가 있음을 보여 준다. 둘째로 로봇을 만든다는 것은 곧 인공 인지시스템을 만드는 것이기 때문에 이를 통해 동물 지능의 특정 측면을 재현해 볼 수 있다. 인공 동물행동학이 복제하고 개발하려는 동물의 마음과 인지능력이 몸과 환경에 크게 의존한다는 사실은 이후 전개될 논의와 함께 이 책의 핵심 주제가 될 것이다. 이 책이 다루는 대부분 논의에서 '체화된 마음'의 접근방식을 따르겠지만 여러 형태의 마음, 즉 여러 유형의 인지시스템이 존재한다는 사실을 드러내놓고 주장하지는 않을 것이다. 인지 영역은 우리가 생각하듯 동질적이지 않다. '인지적'일 수 있는 방법은 여러 가지가 있다. 동물들의 인지능력을 모델화하여 만든 로봇도 일종의 인지시스템이라 할 수 있지만 이런 로봇은 자신이 모방한 동물들의 그것과는 다른 유형의 인지시스템이다.[72]

서로 다른 유형의 인지시스템들은 동일종의 개체들보다는 계통상 먼 친척 관계의 개체들과 같은 방식으로 닮았다고 보아야 한다. 움베르토 마투라나와 프란시스코 바렐라[73], 이반 톰슨[74], 미셸 비트볼과 피에르 루이지 루이시[75]처럼 생명을 인지와 동일한 것으로 여기는 학자들은 모두 체화된 마음 이론의 옹호자들이거나 암묵적으로 이 가설을 기정 사실로 받아들인다. 특히 마투라나와 바렐라 같은 학자들은 생물들이 타고난 여러 형태의 인식들을 계통발생학적으로 추적한 『앎의 나무』를 통해 이런 사실을 공개적으로 지지한다.[76] 만약 생명시스템과 인지시스템이 같은 현상의 양면이라면, 그리고 모든 생명시스템이 필연적으로 인지시스템이라면, 인지시스템들 사이에 아메바와 침엽수와 말만큼 다양한 차이들이 존재할 수밖에 없다. 생명 없는 인지시스템도 존재할 수 있음을 감안한다면 이런 사실은 더 분명해진다.

 인공 행동학은 동물의 마음과 함께 인간의 마음에 대해서도 다시금 생각하게 만든다. 또한 자연적 인지시스템뿐만 아니라 어떤 면에서는 인간이나 동물들을 능가하는 인공 인지시스템에 대해서도 다시 생각하게 만든다. 무엇보다 인지시스템의 다양성 가설은 동물의 마음이 국지적이며 체화되어 있다는 인공 동물행동학의 연구뿐 아니라 근대 심리철학의 원조라 할 수 있는 데카르트의 동물-기계론에 대해서도 돌아보게 만든다.

동물-기계

데카르트의 동물-기계론은 그의 이원론과 연결되어 오해를 사곤 했다. 데카르트의 이론은 동시대에도 타당성을 의심받았지만, 특히 오늘날엔 오류로 여겨지기도 당연한 사실로 받아들여지기도 한다. 사실 데카르트의 견해는 우리가 생각하는 것보다 훨씬 복잡하다. 그의 주장은 현대 철학과 인지과학에서 벌어지는 논쟁에 매우 중요한 쟁점을 던져준다. 왜냐하면 데카르트의 이원론에 대한 관성적인 거부가 그가

『방법 서설』에서 인간 마음(정신)을 이해하기 위해 사용했던 개념구조에 대한 자동적이고도 무비판적인 수용에서 비롯된 경우가 많기 때문이다. 결론적으로 오늘날 우리는 일원론을 채택하면서도 넓은 의미에서 아직 데카르트주의에서 벗어나지 못하고 있는 것이다.

우리는 데카르트의 이원론이 생기론^{vitalism}[77]을 거부하며 시작되었다는 걸 기억해야 한다. 전체 물질세계를 지배하는 자연법칙과 다른 속성을 지닌 '생명물질'의 존재를 부정했던 건 막 탄생한 물리학 연구에 학문적 통일성을 주기 위한 노력이었다.[78] 그리고 동물기계론은 이런 방법론적 논의에서 발생한 문제를 일거에 해결하기 위한 해법이었다. 생물은 저마다 다른 조직체를 지닌 복잡한 기계이며, 유기적 생명체와 물질을 구분하는 신비로운 생명의 원리 같은 건 없다는 것이 그의 주장이었다. 이런 의미라면 데카르트의 주장은 의심 없이 받아들일 만했다.

데카르트에 따르면 인간의 육체가 아닌 마음(정신)만이 물리학이 지배하는 세계로부터 벗어날 수 있다. 하지만 오늘날 이런 이분법은 부정되고 있다. 인간만이, 그중에서도 인간의 마음(정신)만이 과학이 지배하는 통일성에서 벗어나야 할 근거가 전혀 없기 때문이다. 이런 의미에서 현대과학은 물질로 된 인지시스템도 만들어낼 수 있다는 가능성을 열어놓고 있다. 그중의 하나인 컴퓨터(튜링머신을 시초로 한)는 불과 반세기 만에 인간의 마음을 이해하는 가장 훌륭한 모델로 자리잡았다.[79] 여기에 더해 동물행동학 연구는 동물들에게도 복잡한 인지행동이 가능하다는 걸 보여주었다. 이렇게 볼 때 동물-기계론을 오류라고 보는 이유는 두 가지로 볼 수 있다. 첫째는 동물-기계론이 우리가 거부하고 있는 이원론에 근거한다는 점이고, 둘째는 동물-기계론이 동물에게 인지능력이 있다는 사실 자체를 부인하는 것으로 보인다는 점이다. 다시 말해 동물이 인간처럼 영혼이나 자유의지를 지녔을 리 없다는 데카르트의 생각을 동물들에게 인지능력이 없다는 주장으로 확대해석하고 있는 것이다.

하지만 동물-기계론은 동물들에게 인지능력이 없다거나 인지행동처럼 보이는 동물의 행동들이 단지 우리의 착각일 뿐이라고 말하지 않는다. 오히려 데카르트는 『방법서설』에서 동물들에서 인지행동이 자주 발견되며 때론 우리 인간들보다 훌륭하게 그런 행동을 한다고 말하고 있다. 다만 그는 동물의 인지능력이 우리 인간의 그것과 다르다는 걸 강조했을 뿐이다. 철학적이고 형이상학적인 내용을 담은 『방법서설』(1637)에서 데카르트는 동물은 인지능력을 가지고 있지만 자신이 설명하려는 인간 고유의 인지능력과 다르다는 점을 지나가듯 이야기하고 있다.

많은 동물들이 우리보다 재주가 많다는 걸 행동으로 보여주지만 그 밖엔 아무 재주도 가지지 못했다는 걸 보여주기도 한다. 동물들이 우리보다 더 잘하는 것이 있다고 해서 그들이 마음(정신)을 가졌다는 증거는 되지 않는다. 동물들은 어떤 방면에서 인간에게 전혀 없는 능력을 발휘하기도 한다. 하지만 이는 동물들이 지능을 지니지 못하고 신체기관의 명령에 따라 움직인다는 사실을 말해줄 뿐이다. 마치 톱니바퀴와 용수철로 이루어진 벽시계가 인간보다 훨씬 정확하게 시간을 측정할 수 있는 것과도 같다.[80]

데카르트는 동물들에게 '마음'을 부여하길 거부했지만 동물들의 인지능력까지 부정하지 않았다. 다만 '마음(정신)'에만 의존하는 인간의 인지행동과 동물의 인지행동이 전혀 다르다고 보았을 뿐이다. 데카르트는 동물의 인지능력을 기계가 인지적 행위를 한다고 할 때의 인지능력과 같은 것으로 보았다. 티에리 공티에Thierry Gontier는 "동물에게 이성이 없다 하더라도 (다른 모든 기계들과 마찬가지로) 자기에게 부여된 목적을 향해 움직이는 한 이성적인 존재로 남는다"고 말했다.[81] 이러한 해석은 세상에 영혼도 마음(정신)도 없는, 순수하게 물질적인 인지시스템이 존재할 수 있음을 암시한다. 데카르트가 오늘날 세상이 물질로 된 인지시스템으로 넘쳐나는 걸 본다면 충격을 받기보단 크게 감탄할 것이다. 정확히 말하면 데카르트가 동물로부터 부정하려 했던 건 인간 스스로가 창조했다곤 볼 수 없는 인지능력인 생각, 언어, 반성적 사고 같은 것들이었다. 즉, 그는 결코 동물들에게 인지능력이 없다고 주장한 적이 없다.

데카르트의 생각대로라면 동물은 특별한 '기계'들이다. 이 기계는 우리가 만들어내는 기계와 전혀 다른데, 왜냐하면 우리 인간들보다 월등한 능력을 지닌 장인이 창조했기 때문이다. 다시 말해 데카르트에게 있어 동물들은 '방법적으로만' 기계이다. 움직이는 방식이 인간들이 만들어내고 이해하는 기계들과 다를 바 없다는 면에서만 기계인 것이다. 즉 우리보다 월등한 능력을 지닌 어떤 장인이 우리가 기계를 만들 때와 다르지 않은 원리를 가지고 만들었다고 상상할 때 동물은 기계가 된다.

데카르트의 관점에서 동물은 기계와 다를 바 없다. 인지능력을 가지고 있다고 해도, 우리와 같은 영혼을 가지지 않았다면 인간의 그것과는 본질적으로 다르다. 기계처럼 특정 인지 분야에서 인간보다 뛰어난 능력을 발휘한다고 해도 기계처럼 동물도 할 수 없는 것들이 더 많다. 인간과 기계와 동물이 똑같은 과제를 수행하더라도 (예를 들어 시간을 측정하는 일 같은) 범하는 오류의 종류는 모두 다를 것이다. 데카르트의 이원론은 마음(정신)을 인간만의 고유한 특성이라 생각한다. 그래서 인간의 인지능력과 동물이나 기계의 인지능력에 차별을 둔다. 그럼에도 데카르트는 동물과 기계의 능력을 다르다고 보지 않았다. 그에게 동물은 인간이 만든 기계보다 인지적으로 뛰어난 기계일 뿐이기 때문이다. 하지만 동물을 일종의 기계로 봄으로써 데카르트는 어떤 능력을 발휘할 수 있고 없고에 따라 수없이 많은 종류의 인지시스템이 존재함을 인정하는 꼴이 되었다.

동물-기계론을 이렇게 이해한다면 인간과 동물, 기계의 본질적인 차이를 넘어 데카르트의 이원론은 다르게 해석될 수도 있다. 즉 인지시스템의 다양성을 인정하는 것으로 볼 수도 있는 것이다. 현대 일원론은 이런 식의 다원론적 사고에 심한 거부반응을 보여 왔다. 우선 인지 영역에서 데카르트가 말한 몸-마음의 분리를 관찰할 수 없기 때문이고, 또 이원론을 부정해야 몸과 마음의 영역이 지니는 불연

속성을 설명할 수 있기 때문이다. 하지만 인지의 다원성을 거부함으로써 현대 심리철학은 이제껏 부정해 왔던 인간의 마음과 인공 인지 시스템의 차이를 재확인하고 둘을 구분해야 하는 입장에 처하고 말았다. 따라서 인공 동물행동학이나 소셜 로봇공학, 체화된 마음 등의 몇몇 이론들은 인지 다원론을 다시 논의의 장으로 끌어들일 수밖에 없었다. 이들은 이제 과학과 영성론 사이의 선택 문제로 여겨졌던 이원론과 일원론의 관념적 논쟁을 인지시스템의 다양성에 대한 이론적 분석과 실험으로 대신하게 되었다.

인지 다원론 또는 마음의 다양성에 관하여

데카르트에 따르면 인간을 동물, 기계와 구분해주는 근본적 차이는 언어를 사용하고 이해하는 능력이다. 이런 능력은 그의 다원론이 나누어 놓은 두 가지 인지시스템을 구분하는 유일하고 절대적인 기준이었다. 데카르트의 다원론에 습관적으로 퍼부어진 비난에도 이 구분은 오늘날 인지과학과 심리철학에서도 중요하게 여겨지고 있다. 또한 이 구분은 데카르트가 말한 장치로 움직이는 기계적 지능과 인간의 '진짜 지능'을 구분해주는 역할도 한다. 물론 이 원칙 안에는 인간만의 인지능력도 언젠간 기계의 그것처럼 설명될 날이 있으리라는 기대와 그럼에도 둘 사이엔 엄연한 차이가 존재한다는 생각이 깔려 있다. 차이는 이렇게 설명할 수 없지만 분명히 존재하며 인간의 지식이 발전하면 언젠간 사라지게 될 무엇으로 남아있다.

현대 심리철학은 데카르트에 의존하면서도 좀처럼 그를 인정하지 않았다. 마음의 문제에서는 데카르트가 언어를 설명할 때 사용했던 개념구조를 그대로 이어받았으면서도 말이다. 그 결과 현대 심리철학은 스스로 설명할 수 없는 분리의 벽에 갇혀 버리고 말았다. 인간의 지능을 보다 단순하고 그래서 '덜 진짜'인 다른 인지들과 구분하기 위한 기준들이 무작위로 사용되었다. 이 기준들은 일반 지능과 모듈러 시스템을[82], 확고한 의식과 미약한 의식을[83], 내적 지향성instrinsic intentionality와 파생적 지향성derivative intentionality을[84], 내재적 내용instrinsic content과 파생적 내용derivative content을[85] 구분해주는 척도가 되었다. 하지만 근저에 깔린 생각은 모두 같았다. 즉 언어를 이해하고 사물에 의미를 부여하기에 인간의 마음은 다른 자연이나 인공 인지시스템들과 구별된다는 것이다. 이런 인지시스템은 우리가 (아직) 재현하거나 만들어낼 수 없으며 자연 상태에서도 발견된 적이 없다. 그럼에도 연구자들은 인간과 인공지능 사이의 간격이 언젠가는 메워질 거라고 확고하게 믿고 있다.

오늘날 인지과학은 원칙적으로 부정하는 '다름'을 현실적으로 인정해야 하는 딜레마에 빠져 있다. 심리철학과 인지과학은 이론상 데카르트의 이원론을 거부하면서도 한편으로는 이원론적 요소인 '다름'을 강조한다. 다시 말해 더 이상 존재치 않고, 정확히 말하면 아무 의미도 없는 (왜냐하면 이 차이는 우리의 지식이나 기술의 발전과 상관없이 종류가 아닌 정도의 문제이며, 언젠가 '기계들이 의식을 가지게 되는 날' 사라질 것이기 때문에) 차이에 집착하는 애매한 입장에 빠진 것이다. 뒤에서 보 겠지만, 일원론자를 자처하는 많은 심리철학자들이 스스로 부정하 는 차이를 마음이 진짜인지 판별하는 기준으로 삼고 있다. 인지능 력의 이질성heterogeneity을 인정한다면 '인간의 마음'과 '동물이나 기 계의 지능' 사이의 다름을 부정할 수 없다. 또한 이를 존재론적 격차 ontological gulf로 뭉뚱그려서도 안 된다. 둘 모두를 취하는 방법은 이 분법을 포기하고 다원론을 택하는 것이다. 즉 인간만이 가진 몇 가지 특별한 인지능력을 종적 특성으로 본다면 '차이'를 정당화할 수 있 게 된다. 소셜 로봇, 특히 우리가 대리로봇이라 부르는 기계들에 대한 연구는 심리철학과 인지과학이 좀처럼 인정하지 못했던 인간과 여 타 지능체의 차이를 부분적으로나마 이해하게 만들어 주었다. 인공 동물행동학의 입장에서 소셜 로봇공학은 일종의 인공 인류학artificial anthropology이라 할 수 있다. 왜냐하면 이 학문은 컴퓨터공학처럼 인 간이 지닌 특정 인지능력을 확장하는 데 그치지 않고 이를 재창조하 는 걸 목표로 하기 때문이다

로봇을 만드는 목적은 재현과 모방이 아니라 이들을 우리 생활 속에 도입하기 위해서다. 그러려면 인간 파트너들의 능동적인 참여 가 필요하다. 여기서 참여는 로봇이 하는 행동이나 말을 이해하고 해 석하는 것에 그쳐서는 안 된다. 인간은 로봇의 생산자나 소유자가 아 닌 파트너가 되어 (다른 행위자들과 함께) 인지 프로세스process의 한 계 기로 작용해야 한다. 여기서 우리는 또 다른 다원성을 발견하게 된다. 즉 인지시스템의 다원성이 아닌 인지 프로세스에 참여하는 행위자의

다원성이다. 우리는 이런 참여가 소위 '마음'이라는 것이 작동하는 바탕이라고 본다.

확장된 마음, 그리고 사이보그

약 20년 전 앤디 클라크$^{Andy Clark}$와 데이비드 차머스$^{David Chalmers}$는 '확장된 마음$^{The Extended Mind}$'이란 제목의 유명한 논문을 통해 같은 이름의 이론을 세상에 내놓았다.[86] '확장된 마음'이라는 표현은 은유적일 뿐만 아니라 단어의 본래 뜻으로도 해석된다. 은유로서 확장된 마음은 기술의 도움을 받아 증강되고 개량된 마음을 말한다. 문자에서부터 인터넷까지, 기술을 통해 우리의 인지능력을 높이는 경우가 여기 해당한다. 본래 의미의 확장된 마음은 순수한 공간적 의미의 확장을 말한다. 이렇게 순수 물질적인 것(속성 이원론$^{property dualism}$[87]이 그렇듯이)에만 국한시킬 때 마음은 특정 물리적 공간에 위치하는 물체가 된다. 이때 마음은 놀랍게도 심적 상태$^{mental state}$라는 속성을 지닌 물질이며 이 물질의 여러 부분들이 연속적으로 작용하는 물리적 프로세스에 의해 발생(혹은 흔히 쓰는 기술용어로 병발竝發^{supervene})한다. 마음이라는 물체는 공간을 차지하며 흔히 인간의 뇌가 있는 곳에 위치한다고 여겨진다. 이에 그치지 않고 클라크와 차머스는 인지 프로세스가 뇌 바깥의 대상까지 포함하거나 뻗어나가며 따라서 마음의 범위를 뇌에 국한시켜선 안 된다고 주장한다.

마음을 뇌 너머의 물리적 공간으로 확장하는 확장된 마음 이론은 지적이거나 인지적인 기술까지 넓은 의미의 인지능력에 포함시킨다. 이런 점에서 이 이론은 경험론적이며 동시에 형이상학적이다. 하지만, 형이상학적 관점에서 마음을 물리적 공간으로 확장된 물질이라 말한다면, 스스로 의식하지 못하는 상태에서 외부 물질의 도움으로 능력이 증대되거나 향상되는 것까지 '확장'이라 부르는 것은 본래 뜻과 맞지 않는다. 이렇게 말한다면 확장된 마음 이론은 마음에 대해 유물론의 입장을 취하면서 인간 마음의 다양한 기능에 미치는 기술들의 역할에 대해서는 경험적 입장을 취하고 있는 것이다.[88]

클라크와 차머스는 자신들의 주장을 쉽게 설명하기 위해 알츠하이머를 앓고 있는 오토와 그의 여자 친구 잉가를 예로 든다. 오토는 자신이 좋아하는 전시가 열리는 현대미술관에 가고 싶어 한다. 하지만 박물관의 주소를 기억하지 못하므로 가지고 있는 주소록의 도움을 받을 수밖에 없다. 반면 잉가는 같은 전시장에 가기 위해 생물학적 기억의 도움을 받을 수 있다. 주소를 기억하는 마음 프로세스는 두 사람 모두 같다고 볼 수 있다. 하지만 두 사람은 서로 다른 물적 지원을 받는다. 잉가에게는 생물학적 기억을 담고 있는 뇌가 마음의 물적 지원물이다. 반면에 오토는 현대미술관의 주소를 기억하기 위해 뇌와 함께 이를 보완해주는 주소록이라는 정신작용의 도움을 받았다. 클라크와 차머스는 개인의 인지를 도와주는 물적 지원물들이 부분적으로 뇌의 바깥에 위치할 때 이것까지도 마음의 일부로 보며 이를 마음이 외부로 확장한 것이라고 말한다. 내부 프로세스와 외부 프로세스가 기능적으로 같다면 외부 프로세스도 행위자의 마음을 구성하는 일부로 간주해야 한다는 것이다. 이렇게 인간의 마음은 뇌와 신체 너머로 확장되기도 하고 외부에서 스며들기도 한다. 이렇게 보면 우리는 모두 태생적 사이보그들이라 할 수 있다.[89]

하지만 클라크가 간과한 것은 그가 우리 인간의 모습이라고 주장하는 '태생적 사이보그'가 본질적으로는 '형이상학적'이며 체화되지 않은 사이보그라는 점이다. 그가 규정하고 설명한 대로라면 몸 너머로 마음의 능력을 확장하기 위해 개인 신체의 완전성을 파괴하는 이식이나 기계장치의 삽입 같은 과정이 필요가 없다. 유익한 책들이나 주소록 같은 것들도 얼마든지 같은 일을 수행할 수 있기 때문이다. 다시 말해, 인간이 '지적 사이보그intellectual cyborg'가 되기 위해서 '확장된 마음'을 구성한다고 여겨지는 프로세스의 통일성은 필요치 않다. 확장된 마음에는 물리적으로 완전히 분리된 별개의 프로세스들까지 포함될 수 있다. 물론 내가 주소를 기억해낼 때 나의 뇌에서 일어나는 뉴런(신경세포)의 프로세스들이 어떤 연속성이나 통일성을 가진다면 그렇게 얘기할 수도 있겠다. 하지만 주소록에 쓰인 글씨라는 눈에 보이는 형체들(여기서는 분자들)의 프로세스와 내가 그것을 읽을 때 뇌 안에 펼쳐지는 프로세스 사이에서 연관성connection을 찾아내긴 힘들다. 물론 주소를 읽을 때 나의 뇌 안에선 분명 무슨 일인가 일어나고 있을 것이다. 그래도 뇌 안에서 일어나고 있는 일과 주소를 구성하는 물질 사이엔 아무 연관성도 발견되지 않는다. 이는 약속된 신호인 주소와 관련해서 나의 뇌 안에서 일어나는 심적 상태나 과정일 뿐이다. 차머스와 클라크가 말하는 '확장된 마음'을 이루는 물리적 프로세스들 사이엔 아무런 물리적 통일성physical unity도 없다. 현대미술관에 대한 생각과 오토가 주소록에서 찾아낸 박물관 주소 사이의 의미관계, 즉 심적 관계만 있을 뿐이다. 지금까지의 예로 볼 때 마음은 엄밀히 말해 부여되었을distributed 뿐 확장되었다고extended 말하기 힘들다. 여기서 정신적 프로세스(주소를 기억하는 것)는 물리적, 공간적으로 아무 통일성도 없는 서로 다른 물질 조합의 역동 작용dynamics으로 이루어질 뿐이다.

클라크와 차머스는 데카르트가 규정한 이원론적 선택지에 갇히고 말았다. 합체나 체화라는 말을 마음에게 육체의 자리를 지정해 주는 것으로 받아들임으로써 마음을 실제 물리적 공간 속에 가두어 버린 것이다. 때문에 역동성과 진행성을 고려하지 않고 마음의 기능적 동질성만을 따지는 우를 범하고 말았다. 이러한 동치equivalence는 현대미술관의 주소를 기억하는 잉가와 그것을 읽는 오토 사이, 현대미술관의 주소를 아는 것과 찾아내는 것 사이의 물질적, 정신적 차이를 지워버린다. 이런 접근은 우리를 마음에 대한 추상적이고 실체 없는 개념규정으로 돌아가게 만든다.

확장된 마음이라는 주제는 심리철학에 중요한 논쟁거리를 제공했다.[90] 먼저 그것이 타당한지에 대한 논쟁이 있었고 다음엔 그렇다면 개인의 몸 바깥에서 단편적으로 펼쳐지는 인지 프로세스 중 어디까지를 마음의 일부로 볼 수 있는가에 대한 논쟁이 이어졌다. 이런 질문에 답하려면 먼저 우리를 더 능률적이고 지능적으로 만드는 외부의 기술도구들에 대해 이해할 필요가 있다. 조각가의 예술적 성취를 결정적으로 높여주는 어떤 도구가 있다고 하자. 이때 조각가가 정말 사이보그가 아닌 이상 이런 도구를 자기의 신체의 일부라고 말하진 않는다. 그렇다면 이 도구들을 우리는 무어라 불러야 할까? 우리 몸의 일부를 이루지 않는 기술들을 어떻게 마음의 일부라 말할 수 있을까? 기술이 어떻게 우리의 마음을 물질적으로 확장시킨다는 것일까?

모든 걸 떠나 심리철학자들은 기술이 인지발달에 미친 공을 새삼 깨닫게 해준 클라크에게 고마워해야 할 것이다. 하지만 안타깝게도 인지과학은 이런 고마움을 잊곤 한다. 사실 컴퓨터나 인공 신경망 같은 기술들은 인지과학이란 학문을 가능케 하고 발전시켜준 일등공신이다. 그럼에도 인간이란 존재에 대해 더 잘 이해하게 만들어준 인공 조력 기술artificial aid technologie에 대한 우리의 평가는 매우 박했다.

확장된 마음 이론은 마음과 여러 인지 도구들 사이에 특별한 관계를 상정하고, 도구를 통한 기술들을 말 뜻 그대로 마음의 확장으로 해석한다. 바꿔 말하면 마음을 일종의 '자연발생적 사이보그natural cyborg'로 보는 것이다. 이들은 작게는 초기 문자에서 크게는 고성능 컴퓨터까지, 기술이나 이를 사물화한 기구들이 인간의 마음을 확장하여 향상하고 증강시킨다고 믿는다. 즉 인간의 마음이 이런 기술들을 체화했다는 것이다. 기술은 이렇게 마음에 체화되고 기술과 관계된 모든 인지시스템들은 다시 마음의 일부가 되어 상호작용한다. 결국 확장된 마음 이론은 기계들의 어떤 자율성이나 독립성도 인정하지 않는다. 기술이 인간 마음의 부속물인 한 그것들은 확장되어 개인의 뇌 속에 자리 잡은 순수 인식일 뿐이다. 이렇게 본다면 확장된 마음은 강력하고 급진적 버전의 인지 동질성 이론이라 할 수 있다. 이 이론은 인간의 마음이 자신이 접촉하는 모든 것들 앞에서 스스로 변한다고 보기 때문이다. 다시 말해 마음이 인간의 모든 인지 영역을 절대적으로 지배한다고 가정하는 것이다. 클라크는 마음의 확장을 공간적으로 해석함으로써 마음을 실체가 없는 인식 주체로 본 데카르트적 관념론에서 벗어나려 했다. 하지만 인식 주체를 개인성이라는 추상적 공간 속에 가두어 버림으로써 심리철학과 인지과학이 태생적으로 지니고 있던 방법론적 유아론을 강화시켜주는 꼴이 되고 말았다.[91]

기계과학

확장된 마음 이론을 둘러싸고 전개된 형이상학적 사이보그 논쟁은 인간과 인지기술의 관계를 명확히 설명해 줄 수 있을까? 폴 험프리 Paul Humphreys의 최근 작업들은 이러한 질문에 대한 다른 관점을 보여준다.[92] 인지를 보완해주는 도구들이 인간의 지식에 미친 공헌을 강조한다는 점에서 그의 입장은 확장된 마음 이론에 가깝지만 주장의 요점을 들여다보면 그렇지만도 않다. 그는 "인간의 지적 능력은 더 이상 앎의 기준이 되지 못한다."고 말한다. "이미 인간의 한계를 넘어선 과학이 인간중심적 사고를 시대착오적인 것으로 만들어 버렸기 때문이다."93 '인간중심적 사고anthropocentrism'란 개인 경험을 통한 앎이 모든 인지의 원형이 되고 지식의 최종 기준이 된다는 생각을 말한다. 험프리는 오늘날 과학의 발전이 인류가 이해하거나 통제할 수 있는 수준을 넘어섰다고 본다. 그래서 그는 "인간의 지적 능력이 과학지식의 최종 심판자라는 생각을 포기해야 한다."고 주장한다.94

험프리의 지적처럼 오늘날 인간의 연구를 기계가 대신하는 분야는 점점 늘어나고 있다. 분자생물학과 유전학 등이 그렇다. 기계가 자동으로 도출한 연구 결과를 확인하기 위해선 우리가 눈금을 매긴 도구들이나 임무를 맡긴 모델들에 다시 물어보아야 한다. 하지만 수없는 시행착오 속에 개량되어온 모델들의 작동 원리를 우리는 완전히 알지 못하고 그 과정의 복잡한 관계들도 제대로 설명하지 못한다. 모델이 산출한 결과를 일일이 확인하기에 인간의 계산 속도는 너무 느리다. 이렇게 우리는 결과를 도출하는 과정과 절차에 무지하며, 기계들이 어떻게 그것을 알아내고 결론을 내렸는지 이해하지 못한다. 물론 이에 대한 전반적인 지식은 있고 기계를 작동하는 법도 안다. 하지만 기계가 하는 일을 스스로 하지 못하고 기껏 도움을 요청하는 것이 전부라면, 결국 우린 그걸 모르는 것과 마찬가지다.

하지만 원리를 모두 이해하거나 숙지하지 못한다고 해서 이런 자율 프로세스를 인지 프로세스가 아니라고 말하는 것도 상식에서 벗어난다. 이런 프로세스들은 유전자 정보를 해석하고, 우주를 탐험하고, 금융시장을 분석하고, 지구의 기후변화를 예측한다. 우리가 전체 과정을 잘 알지 못하는 작업을 거쳐 결과를 도출해내는 것은 인간도 아니고 확장되거나 증강된 인간의 마음도 아닌 기계와 모델들이다. 현대 과학은 클라크와 차머스의 희망처럼 인간의 마음을 확장해주지 못했다. 다만 인간이 이해하거나 스스로 처리할 수 없을 정도로 '인지영역'의 한계를 넓혀주었을 뿐이다. 오늘날 우리 주변엔 인간이 못 하는 일을 대신해주고, 그것들이 아니면 결코 알 수 없을 지식에 접근케 해주는 인지 기계cognitive machine들이 널려있다.

한 예로, 기후변화 모델처럼 복잡한 모델들은 분석적으로 투명하지 못하다. 즉, 이 복잡한 모델이 어떻게 작동하는지 누구도 정확히 알지 못한다. 이 모델들이 엄청난 양의 데이터와 정보를 처리하는 과정은 우리가 상상 못할 만큼 복잡하다. 기후변화를 예측하려면 과거 정보들을 분석한 뒤 이전의 기후 예측이 얼마나 성공적이었는지 조사해야 하며, 더 만족한 결과를 얻을 때까지 여러 매개변수parametre와 알고리즘algorithme을 조정해야 한다. 그 최종 결과가 어떻게 도출되었는지, 왜 그런 결과가 나왔는지 정확히 알 수 없을 만큼 이 프로세스는 깜깜한 무지 속에서 진행된다.[95]

한 예로 자기공명장치(MRI) 영상을 들 수 있다. 우리는 MRI를 보통 뇌의 각 부분에 흐르는 혈류의 측정값이라고 알고 있다. 하지만 이는 정확한 설명이 아니다. MRI가 측정하는 것은 물 분자 속에서 수소의 원자핵이 이완하는 시간이다. 임상의학에서 중요한 부분을 차지하는 MRI 영상은 사실 우리 눈에 보이는 것이 아니라 기계가 10만분의 1초 단위로 측정한 수치를 인공으로 재현한 것이다. 우리 몸에 있는 물 분자 속 원자핵의 이완 시간이 뇌의 활동성을 말해준다는 가설을 바탕으로 데이터들을 보기에 편하게 가공한 것이 우리가 흔히 보는 MRI 영상이다.[96] 뇌의 활성화 부분을 여러 색깔로 보여주는 친숙한 화면은 눈에는 보이지 않는 복잡한 데이터의 연속과정을 영상으로 재현한 것일 뿐이다. 의료진이나 연구자들은 이 영상을 통해 뇌의 어느 부분에 상처나 종양이 있는지, 특정한 정신적 업무를 수행하기 위해 뇌의 어떤 부분이 작동되는지를 바로 확인할 수 있다. 물론 이런 MRI 영상 대신 수소 핵이 재배치되는 시간의 측정 결과물을 수백 페이지에 이르는 숫자들로 출력할 수도 있다. 이론상 "MRI 영상의 1차 정보를 담고 있는 것은 바로 그 자료들이며, 기계가 수집한 모든 정보들은 여기에 모두 들어 있다." 하지만 이 방대한 출력 자료는 그 자체로는 아무 쓸모가 없다. 이 자료들을 가지고 환자의 뇌 상태를 알 수도 없고 어디에 이용할 수도 없다.[97] 치료와 연구에서 중요한 역할을 하는 삼차원 영상들은 이렇게 현대 컴퓨터의 빠른 속도와 계산 능력 덕분에 가능하다. 이 자료들을 바탕으로 뇌의 영상을 보여주는 건 인간의 능력 밖의 일이다. 인간의 마음만으로는 기계가 수집한 자료들을 의료나 과학 연구에 적합한 정보로 바꿀 수 없기 때문이다.

    컴퓨터가 만든 세포나 분자의 영상 이미지를 보는 것은 망원경이나 현미경을 들여다보는 것과 다르며 주소록을 찾아보는 것과도 다르다. 즉 우리 감각이 인지할 수 없었던 걸 도구의 힘을 빌려 관찰하거나 기억 속에서 지워졌던 주소를 다시 찾아내는 것과는 다른 차원의 문제이다. MRI를 통해 보는 것은 우리에게서 감추어졌던 세계가 아니라 복잡한 인지조작을 거쳐 얻어낸 결과물이다. 물론 이런 작업이 완벽한 무지 속에서 이루어지는 않더라도 지적으로 분석이 불가능하다면 그건 이미 인간의 능력을 뛰어넘은 것이다. 주소록이 오토의 인지능력을 되살림으로써 의미를 찾아주었다면, MRI는 우리 능력으론 얻어낼 수 없는 데이터를 삼차원 컬러 영상으로 재현해 이전엔 알 수 없던 것들을 알게 해준다. 이런 인지시스템은 우리의 마음을 확장해주지 않으며 다만 다른 방법으론 얻어낼 수 없는 지식을 전해줄 뿐이다. 즉 시스템이 마음이 제공하지 못하는 무언가를 우리에게 주는 것이다.

    험프리가 관찰한 바에 따르면 "분석적으론 투명하지 못해도"[98], 인간이 평생 걸려도 하지 못할 계산을 순식간에 처리해주는 컴퓨터가 있기에 기초물리학과 분자생물학, 신경과학, 유전공학, 기후학, 기상학 등의 분야가 지난 40년 동안 비약적인 발전을 이룰 수 있었다. 현대과학의 성과 중 상당부분이 우리 인간의 힘만으론 이루어질 수 없었다는 얘기다. 앞으로도 우리는 마음이 할 수 있는 것들 너머의 세계를 계속 탐험하게 될 것이다. 왜냐하면 우리가 이미 우리와 다른 인지시스템들을 만들어냈기 때문이다. 이제 우리가 만든 기계들은 우리가 도달할 수 없었던 세상의 지식을 뇌의 삼차원 영상처럼 눈앞에 펼쳐 보여줄 것이다.

인지 징표?

물론 험프리에게 되물을 수 있다. 종이에 찍힌 잉크 자국이나 컴퓨터 화면에 나타난 이미지들의 덩어리에 불과한 무의미한 정보들을 해석하고 의미를 부여하는 건 결국 인간이 아니냐고. 따라서 인지 사슬의 최종 단계에 있는 건 결국 인간이 아니냐고. 물론 지식을 넓혀주고 마음을 확장해주는 여러 시스템을 모아 결과를 얻어내는 것은 인간의 뇌이다. 과학은 인간에 의해 인간을 위해 존재한다. 인간이 없다면 기계들이 할 수 있는 건 아무것도 없다.

그렇다면 다시 이런 질문을 던져볼 수 있다. 앎의 주체는 과연 누구인가? 누가 인지행위의 주체인가? 기계로 지식을 얻은 인간인가? 아니면 그 지식을 먼저 발견하고 전해주는 기계인가? 기계가 정말 인지능력을 지녔다고 할 수 있을까? 혹은 그중 가장 뛰어난 능력을 지닌 인간(또는 일부 생물체)만을 지적 행위자라고 해야 할까?

『새로운 마음의 과학The New Science of the Mind』이란 책에서 철학자 마크 롤랜즈Mark Rowlands는 소위 '지적 권한'이란 기준으로 본래적 인지 프로세스와 파생적 인지 프로세스를 구분한다. 전자는 개체 차원에서 행해지는 의식과 의도를 지닌 인지 프로세스이고 후자는 개체하부subpersonal99 차원에서 무의식적으로 행해지는 인지 프로세스다. 롤랜즈는 개체의 하부에서 작동하는 의식(데이비드 마아David Marr의 시각이론을 예로 들면 초벌 스케치raw primal sketch를 전체 스케치full primal sketch로 전환하는 과정에 해당한다.)100 속에서 우리는 인식의 주체라기보다 볼모에 가깝다고 말한다. 이런 프로세스는 자동으로 진행되며 개체의 동의는 물론 자각도 필요로하지 않는다. 이런 인식에 대해 우리는 어떤 인식론적 권한도 행사하지 못하며 그 결과에서 영향을 받을 뿐이다. 이것은 마치 우리가 눈에 보이는 걸 받아들일 뿐 뇌 속에서 시각 이미지가 어떻게 만들어지는지 전혀 모르는 것과 같다. 롤랜즈에 따르면 파생적 인지 프로세스를 인지적이라 하는 건 이것이 인식의 기준이 되는 개인의 차원에서 진행되는 인지 프로세스에 영향을 주기 때문이다. 즉 파생적 프로세스는 자체적으로는 인지적이지 않지만 인식 주체의 의식적 정신활동에 일정한 영향을 미치기 때문에 인지적이다.

폴 험프리가 언급한 기계들의 인지 프로세스 또한 개체하부에서 일어나는 인지 프로세스와 거의 흡사하다. 이 프로세스는 자동으로 진행되므로 의식할 수 없고 오직 결과를 통해서만 접근할 수 있다. 우리가 복잡한 모델들이나 초고속 컴퓨터 계산기, 첨단 자동화 기술 등을 인지적이라 말하는 것은 이들이 개체하부 프로세스들과 마찬가지로 자기 권한 하에 개체 차원의 인지 프로세스에 참여하기 때문이다. 즉 그 자체는 인지적이지 못하지만 지적 주체의 의식적 정신활동에 기여하기 때문에 인지적이라는 것이다.

이렇게 볼 때 험프리의 분석은 뇌의 바깥에서 일어나는 프로세스들 덕분에 마음이 증강될 수 있다는 확장된 마음 이론이나 인간만의 우월성을 보증해주는 단일 인지영역이 존재한다는 데카르트의 인지 단일성 이론과도 모순되지 않는다. 아니, 신경 구조^{neural}

architecture 같은 개체하부적 프로세스가 인지 기계cognitive machine의 설계 모델이 된다는 점에서도 이 이론은 환영 받을 만하다.

그러나 합리적이고 명료해 보이는 롤랜즈의 주장에도 몇 가지 문제점이 발견된다. 하부개체적 프로세스들이나 (여기서 유추된) 기계의 자동 프로세스들이 모두 '인지적'이라고 주장하려면, 첫째로 자체 안에 정보 처리 과정을 포함하고 있어야 하고 둘째로 '의도 주체'로 하여금 전에 가지고 있지 않던 정보들을 처리할 수 있게 해주어야 한다. 비록 의도 주체가 긴 과정의 마지막 단계에서만 정보를 이용한다 하더라도 앞의 조건들만 만족시킨다면 이 시스템을 '인지적'이라 할 수 있다. 이때 의도 주체가 정보를 활용할 수 있는지 여부가 롤랜즈가 말하는 '인지 징표mark of the cognitive'가 된다.

그런데, 주체가 의도를 가지고 정보를 활용할 수 있어야 인지적이라면 자동화된 유전자 염기서열 분석기Genome Sequencer 101의 경우 누군가 결과를 확인할 수 있으니 인지적이라 할 수 있지 않을까? 문제는 이런 자동화 시스템들은 다른 시스템들이 판단을 내릴 근거를 제공해 주는 데에만 사용된다는 점이다. 하지만 뒤의 시스템들이 이전 시스템이 만들어낸 정보를 사용해 실질적인 결과를 만들어냈다면 의도 주체가 해당 정보에 직접 접근했느냐 여부에 상관없이 인지적이라 볼 수 있다.

또 하나의 예가 있다. 미국의 패트리어트 대공 미사일 방어체계는 완전 자동화 시스템이다. 그 밑에는 컴퓨터에 연결된 레이더 보조 시스템들이 있어 날아오는 적의 미사일들을 감시한다. 적의 미사일이 감지되면 컴퓨터가 탄도와 경로를 계산하여 즉각 패트리어트 미사일을 발사한다. 이 모든 시스템이 인간의 개입 없이 자동으로 이루어지도록 설계되어 있다. 하지만 이 시스템은 아직 인간의 통제 하에 있다. 자동화 시스템이 여객항공기를 적의 미사일로 오판하는 등의 사고에 대비해야 하기 때문이다. 하지만 이때도 인간이 개입할 수 있는 시간은 극히 짧으며 몇 초안에 모든 결정이 이루어져야 한다. 그렇지 않으면 날아오는 미사일에 대처할 시간을 놓쳐버리고 말 것이다. 시스템을 자동화하는 이유는 사람의 행동이 느리기 때문이다. 사람은 날아오는 미사일을 식별할 수도, 차단 경로를 신속하게 계산할 수도 없다. 이런 시스템들을 인지적이지 않다고 말하기는 어렵다. 시스템은 날아오는 적의 미사일을 식별하고 탄도와 경로를 빠르게 계산한 뒤 패트리어트 미사일을 발사하여 격추시킨다. 이런 시스템을 두고 인간이 자리에 앉아 감시할 때만 인지적이라 하는 건 상식적이지 않다. 사실 인간이 감시한다는 것 자체가 인지시스템을 상대하고 있음을 말해준다. 인간은 이 시스템의 '실수'에 대비해 거기에 앉아 있는 것이다. 오직 인지적 시스템들만 실수할 수 있다! 단순한 기계 장치들은 망가질지언정 실수하지 않는다.

 롤랜즈의 '인지 징표'는 험프리가 거부한 인간중심주의의 전형을 보여준다. 인간중심주의는 인간을 지적 행위자의 원형으로 삼아 인지 동일성을 지지한다. 인지 동일성은 모든 인지시스템들이 같은 형태로 되어있고 인간과 닮았다는 생각에 기초하기 때문이다. 인지에 대한 이런 태도는 아직 주체의 주관적 경험을 지식의 중심에 두는 사고가 팽배해 있음을 보여준다. 인지과학과 심리철학이 아직도 마음에 대해 데카르트가 품었던 소박한 개념을 그대로 받아들이고 있는 것이다. 이 개념에 따르면 주체의 주관적 지식은 인지의 중심이자 모든 앎의 모델이며 지적 성취의 최종 기준이다.

자동화된 인지시스템이 특별한 것은 산출한 정보를 의도 주체가 사용하지 않기 때문이다. 물론 사용될 때도 있지만 가끔씩만 그렇다. 인공 동물행동학에서 보듯이 정보처리는 시스템의 외부에서 주어지며 인지의 주요 특성과도 거리가 멀다. 출렁이는 바다 속에서 풍겨오는 먹이 냄새를 쫓아가는 로봇 바다가재는 분명 인지시스템이라 할 수 있지만 행위의 의도 주체가 아니다. 이렇게 볼 때 우리 인간들은 지적, 형이상학적 사이보그라기보다 자연이나 인공의 여러 인지시스템들로 이루어진 집단 속의 한 인식론적 행위자로 보아야 할 것이다.

택시!

오토는 클라크와 차머스가 상상했던 것과 다르게 행동할 수 있었다. 오토는 기억력이 온전치 못하고 주소록도 잃어버렸다. 그렇다면 택시를 잡아타고 운전사에게 이렇게 말하는 것으로도 충분하다. "현대미술관으로 가 주세요!" 오토는 손상된 기억을 보완하기 위해 인지 능력을 증강하거나 마음을 확장한 것이 아니라, 인지 용량을 높이거나 넓혔을 뿐이다. 능력의 향상이 행위자의 자질을 높이는 것이라면 용량의 향상은 아마르티아 센^Amartya Sen이 표현했듯이 자기나 자기에 속한 무엇이 아닌 다른 활용 수단을 통해 행위의 폭을 넓히는 것이다.

택시를 이용했다고 해서 오토의 마음이 확장됐다고 말할 수는 없다. 주소록이라면 마음의 확장이라는 은유가 그럴듯해 보인다. 하지만, 여기서 문제가 되는 것은 어디까지가 '그의 마음'이냐 하는 것이다. 택시기사의 뇌 안에서 진행되는 프로세스도 오토의 마음의 일부라면 '그의 마음'이 오토와 운전사 둘 중 누구에게 속한 것인지 모호해진다. 택시를 타고 목적지에 도달할 때까지 오토는 택시기사의 지식과 인지뿐 아니라 사회적으로 연결된 수많은 인지시스템들의 네트워크에 접속할 것이다. 예를 들어 그는 택시기사뿐 아니라 GPS시스템과도 연결된다. 이렇게 다양하고 거대한 인지 네트워크가 존재한다는 것 자체가 인지시스템의 질적 다양성을 말해준다. 또한 인간의 인지가 유일하거나 특별하거나 가장 완벽한 것은 아니며 모든 인지의 기준도 될 수 없다는 걸 말해준다.

소셜 로봇공학은 이런 네트워크 안에 새로운 종류의 인지 행위자들을 끌어들이려는 시도다. 대리로봇이라 불리는 행위자들은 인간 지능을 모방해 만든 컴퓨터보다 더 인간에 가깝다고 볼 수 있다. 이 대리로봇들은 1950년대부터 지금까지 지속되어온, 컴퓨터와 마음, 마음과 컴퓨터를 은유로 연결하려는 사고에 도전장을 내민다. 여기엔 이런 은유적 사고에 대한 일말의 향수나 인간의 마음이 지닌 특별함에 대한 어떤 확신도 끼어들 여지가 없다. 인간의 지식과 기술의 진보가 가져온 새로운 사고는 인지의 질적 동일성에 대한 믿음이나 인간이 세상의 유일한 지적 행위자라는 환상에서 깨어나게 해줄 것이다.

제3장

마음, 감정 그리고 만들어진 공감

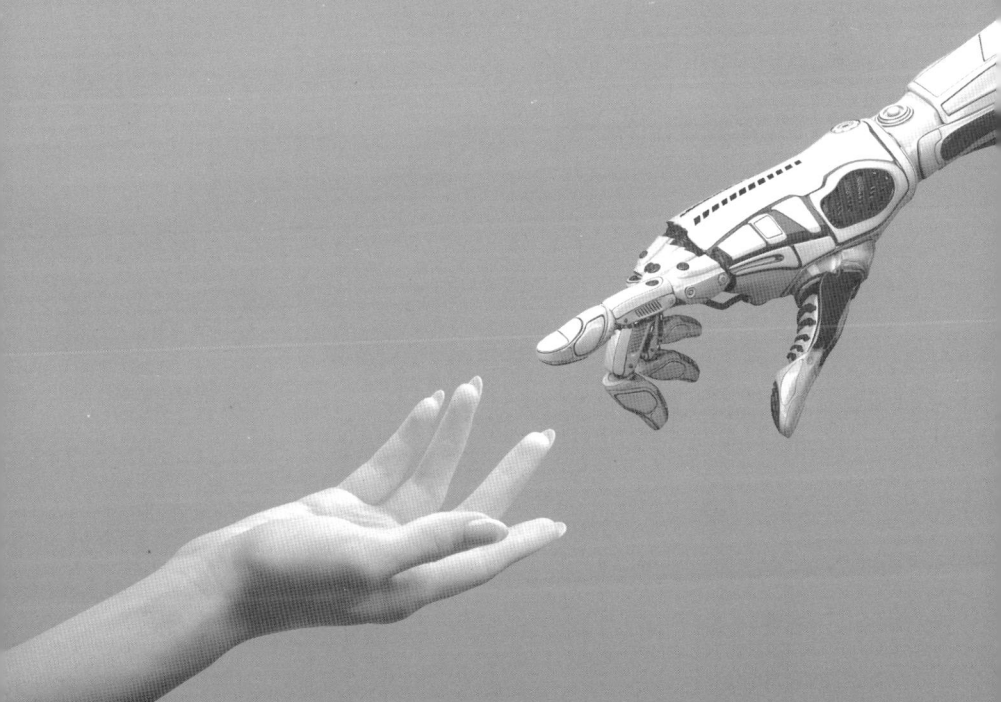

타자는 의심할 수도 없고, 현상학적 환원이나 판단중지(에포케)의 대상도 될 수 없는, 내 안으로부터 전혀 끌어낼 수 없는 구체적이고 명료한 존재다.

- 장 폴 사르트르

앞 장에서 다루었던 인지영역의 질적 차이나 마음의 다양성에 대한 주장은 다시 인간의 마음에 우리가 아는 자연적 인공적 인지시스템보다 특별한 점이 있는지, 만약 있다면 그것이 무엇인지에 대한 질문으로 이어진다. 이에 대해 현대 심리철학이나 인지과학은 모순된 대답을 내놓거나 대답 자체를 회피한다. 우리 인간은 다른 모든 존재들과 마찬가지로 인지적 기계일 뿐 본질상 어떤 특별한 점도 없다고 말하면서도, 앞에서 본 것처럼 인간을 인지적인 것과 그렇지 않은 것의 유일한 기준으로 삼는다. 그리고 언젠가 진짜 의식을 지닌 인공행위자가 만들어지면 인간의 이런 특권도 사라질 것이라고 말한다. 우리가 만들게 될 인공행위자들이 기억력이나 계산능력 등 모든 면에서 우리 인간을 훨씬 뛰어넘는 존재가 될 것이라면서 말이다.

이 장에서는 인간의 마음을 다른 것들과 구별해 주는 특별함이 무엇인지에 대해서는 따지지 않을 것이다. 우리의 목표는 그게 아니다. 대신 인지 주체를 인지 프로세스의 중심에 놓고 보았던 데카르트의 '마음'이 그가 단호하게 거부했던 인지의 사회적 측면에 기대고 있음을 밝혀내려 한다. 흔히 방법적 유아론이라 부르며 심리철학, 심리학, 인지과학 전반에서 통용되고 있는 마음에 대한 데카르트의 생각이 사실은 그가 존재조차 알지 못했던 '사회인지적 역동관계'에 바탕을 두고 있기 때문이다.

그간 간과되었던 인간의 사회성의 측면은 소셜 로봇공학이 개척하려는 새로운 분야이기도 하다. 이는 과학실험 도구로서의 대리 로봇이 필요한 이유이기도 하다. 이 장의 후반부에선 소셜 로봇공학이 파생시킨 '창조적 실험연구'들에 대해서도 살펴볼 것이다. 이 연구는 인간과 사회적 관계를 맺을 수 있는 로봇을 만드는 걸 목표로 한다는 점에서 '창조적'이며, 인간 집단의 본성을 탐구한다는 점에서 '실험적'이다. 소셜 로봇공학의 목적은 인간에게 익숙한 환경에 적응할 수 있는 기계를 만드는 것이 아니다. 소셜 로봇을 만들려는 시도는 그 성공 여부를 떠나 인간이 어떻게 타자들과 사회적 관계를 맺는가를 배우고 이해하는 수단이 될 것이다. 이 연구의 기본 가정은 정서^{affect}가 인간을 사회적 존재로 만들어주는 핵심 요소라는 사실이다. 로봇이 사회에 적응하려면 공감과 감정이 필수적이다. 이처럼 정서는 우리 마음의 기본 바탕을 이룬다. 그렇다면 이제 정서란 무엇인가라는 질문에 답해야 한다. 소셜 로봇공학의 핵심인 이 질문에 대해서는 이번 장과 제4장에서 이야기할 것이다.

마음은 어디에 있는가?

확장된 마음은 마음이 행위자 바깥의 물질의 도움을 통해 실현될 수 있다고 말하며, 마음을 뇌의 감옥과 인간중심주의의 편견으로부터 해방시키려 한다. 이런 면에서 확장된 마음 이론은 인지가 뇌뿐 아니라 컴퓨터 같은 다른 수단들을 통해서도 실현될 수 있다고 주장하는 정통 기능주의의 다수실현가능성 논증[102]과도 비슷하다. 하지만 이들은 아직까지 또 다른 편견인 주관주의와 개인주의에서 벗어나지 못하고 있다. 왜냐면 정통 컴퓨터주의^{computationalism}와 달리 이들은 체화된 마음 이론에서 파생된, '마음은 어디에 있는가?'라는 질문에 집착하기 때문이다. 이들은 인지가 물리적 공간을 차지한다고 상상하며 앞에서 본 오토를 비롯한 모든 개인들을 인지 프로세스의 근거지나 정박지로 본다. 또한 주관적 앎의 경험을 인지활동의 근원으로 생각한다. 물론 앤디 클라크는 주관적 의식 경험을 마음상태의 기준으로 삼는 걸 포기하고 무의식 프로세스를 마음 프로세스에 포함시켜야만 확장된 마음 이론이 정당화 될 수 있다고 말한다.[103] 하지만 앤디 클라크는 '동일성 원칙parity principle'을 외부 프로세스가 마음의 일부인지 아닌지를 결정하는 근거로 삼으면서도 다른 시각을 드러낸다.

> 어떤 과제와 마주했을 때 현상계의 일부가 우리 머릿속에 들어와 인지 과정으로 기능한다면 우리는 그 현상계의 일부를 (그 순간만큼은) 인지 과정의 일부로 받아들여야 한다.[104]

여전히 행위자의 뇌나 머릿속은 마음이 거주하고 때론 외부로 확장되기도 하는 근거지로 간주된다. 이때 뇌는 마음이 너무 멀어지지 않도록 묶어두는 정박지가 된다. 하지만 어째서 뇌에게만 이런 특권을 부여해야 할까? 어떻게 행위자의 뇌 속에서 일어나는 일들이 외부에서 오는 프로세스가 인지적인지 아닌지 판단하는 척도가 될 수 있을까? 롤랜즈의 인지 징표처럼 의도주체의 인지 경험(이 경우 뇌라는 물질로 대표되는)을 '정말' 인지적인지 아닌지 판단하는 최종 기준으로 삼지 않는다면 우리가 뇌에 이런 특권을 부여해야 할 이유가 뭘까?

확장된 마음은 "마음은 어디에 있는가?"라는 질문에 대답하기 위한 이론이다. 보통 사람들은 내 안에, 즉 내 머릿속이나 뇌 안에 마음이 있다고 대답할 것이다. 이에 덧붙여 확장된 마음은 여기 행위자의 마음이 뇌의 바깥으로까지 확장될 수 있다고 주장한다. 이런 논리는 얼핏 보면 상식적인 것 같지만 극히 제한된 조건에서만 그렇다.

예를 들어, 팔을 크게 벌리면 손은 가슴으로부터 멀어진다. 손이 팔에 붙어있기 때문이다. 다시 말해, 몸으로부터 떨어져 있어도 손은 움직이지만 이는 손이 팔을 통해 몸에 연결되어 있기 때문이다. 마찬가지로 주소록이 오토의 기억을 도와 마음을 연장해 줄 수 있었던 것은 주소록이 '그의' 손안에 있었기 때문이다. 주소록이 인지 프로세스에 포함될 수 있었던 진짜 이유는 바로 이것이다.

모순돼 보이는 이런 주장은 일인칭 주체의 시점만이 인지 프로세스의, 결과적으로 마음작용mindfulness의 근본을 이룬다고 생각하는 본능적 편견을 보여준다. 이런 시각으론 인간의 마음과 다른 인지기계cognitive machine의 존재를 인정할 수 없다. 인지 심리학의 주된 논리를 따르는 확장된 마음 이론 역시 주체 내부에서 일어나는 주관적 앎만이 모든 인지 활동의 틀을 이룬다는 생각에서 벗어나지 못하고 있다. 컴퓨터 프로그램을 마음의 모델로 삼는 고전적 인지주의는 이런 주관주의적 편견에 과학적 객관성이라는 보증서를 제공해 주었다. 하지만 사회적 인공행위자를 만들려면 무엇보다 이러한 편견으로부터 벗어나야만 한다.

우리 내부에 마음이 들어있다는 생각은 당연한 것 같지만 사실 자연스런 사고 방식은 아니다. 왜냐하면 '일인칭 시점에서' 세상을 경험하는 것과 '일인칭 시점을' 경험하는 것은 다르기 때문이다. 시점으로서의 일인칭을 경험하기 위해선 세상에 대한 직접적인 지각direct perception을 넘어서야 한다. 즉, 세상에 대한 경험이 세상 그 자체가 아니라는 자각이 필요하다. 세상이 언제나 일인칭 시점을 통해 즉자적으로immediately 경험되는 것은 사실이지만, 우리의 즉자적인 경험은 일인칭 시점 자체가 아니라, 나에게 기회나 위협으로 작용하는 타자들의 한 대상인 세계-내-존재로서의 경험이다. 따라서 마음이 내 안에 있으며 세상도 어떤 방식으로든(표상이나 의도 등의 형태로) 내 안에 있다는 '발견'은 우리가 세상 속에 있다는 즉자적인 발견처럼 일차적이거나 자연스럽거나 본능적이지 않다. 오히려 이런 생각은 이차적이고 반성적인 사유로부터 나온다.

마음, 착각, 타자

우리가 세상을 특정 시점으로밖에 인식하지 못한다는 사실을 깨달으려면 세상이나 현상에 대한 착각의 경험이 필요하다. 내 마음이 내 앞에 드러나는 건 세상에 대한 나의 이해가 불완전하다는 사실을 알게 될 때뿐이다. 관점은 내가 세상을 바라보는 유리창과 같다. 유리창이 완전히 투명하면 우리는 유리창이 거기 있다는 걸 깨달을 수 없다. 따라서 오판은 내 시점이 불투명한 거울처럼 마음에게 명확하지 못한 실체를 보여주는 것이며, 세상에 존재하는 것들에 대한 즉자적 경험에 젖어있던 나에게 이제껏 깨닫지 못했던 관점의 상대성과 한계를 보여주는 것이다. 그러나 이런 오판은 내가 세상을 이해하기 위해 마음이 나와 세계 사이에 끼어들기 위한 필요조건일지언정 충분조건은 되지 못한다.

그러나 이런 착각을 통한 마음의 발견은 데카르트로 대표되는 전통 철학이 왜 일인칭 주체에게 마음의 우선권을 주게 되었는지 추측케 해준다.[105] 대표적으로 데카르트에게서 마음에 대한 주체의 우선권을 주장하는 논리를 발견할 수 있으며, 이런 생각은 다양한 형태로 오늘날까지 되풀이되고 있다.[106] 내가 품고 있는 생각은 세상을 표상한다. 하지만 이 표상은 자체적으로 참이거나 거짓일 수 없다. 내가 그것을 세상에 대입해 보고 어떤 판단을 통해 그것이 세상의 내용과 일치하며 세상 그대로를 표상하고 있다고 확신할 때에만 비로소 오류가 아님을 알 수 있다. 세상이 내 안에 즉자적인 경험이나 심적 상태로만 존재할 땐 그 자체로 참이거나 거짓이 될 수 없다. 그러므로 나 자신과 나의 심적 상태에 인식론적 오류 없이 접근할 수 있는 것은 바로 '나'뿐이다. 이렇게 '나'에 대한 나의 인식론적 관계는 (그것의 조건을 이루는) 외부세계에 대한 나의 인식관계보다 우위에 있다.[107]

데카르트 이후로 이런 반성적 우선권reflexive privilege은 타자의 마음에 대한 이해가 오직 추론을 통해서만 가능하다는 생각을 낳았다. 나는 내 마음에 직접적이고 명확하게 접근할 수 있지만 타자의 마음에는 간접적으로밖에 접근할 수 없다. 타자의 마음을 이해하는 일은 자신을 이해하는 것만큼 확실하지 못하며 심지어 물질세계를 이해하는 것보다 불확실하다. 나는 나무나 집 등을 직접 인식할 수 있지만 타자의 마음은 오직 그의 행동을 통해 추론할 수 있을 뿐이다. 나는 타자의 마음을 직접 지각할 수 없으며 그의 의도나 감정을 직접 관찰할 수도 없다.[108] 마음은 몸의 요새 속에 깊이 틀어박혀 있으며, 행동이라는 숲에 파묻히고 외부의 시선으로부터 차단되어 오직 자신의 은밀하고 배타적인 접근만 허락할 뿐이다. 타인에게 마음이 존재하는지 묻는 유아론이 아직까지 철학의 근본적인 질문으로 남아있는 것도 이 때문이다.

우리가 타자의 마음에 간접적이고 왜곡된 형태로밖에 접근할 수 없다는 생각은 모든 앎을 자기 내부에 가두어버리는 결과를 가져왔다. 그래서 주체는 유일하게 자신하고만 직접 접촉할 수 있고, 세상 만물을 안에 담고 있는 마음의 베일을 통해서만 타자를 바라볼 수 있게 되었다. 주체는 타자의 존재를 의심할 수 있을 뿐 '몸소' 만날 수 없다. 다만 자신과 닮은 몸을 지녔기에 마음도 비슷할 거라 짐작할 뿐이다. 결과적으로 마음은 세상의 일부가 될 수 없다. 타자의 마음은 기껏해야 이론상 존재하는 실체일 뿐이다. 그리고 나의 마음은 세상의 한 객체가 아닌, 세상을 바라보는 무대가 된다. 이렇게 볼 때 현대 심리철학과 인지과학이 유아론이나 관념론과 단절됐다는 생각은 착각에 불과하다. 앞에서 보았듯이 마음을 행위자의 뇌나 물질적 메커니즘에 체화하려 하면서도 유아론과 관념론의 기본 개념을 답습하고 있는 것이다.

인공 동물행동학은 동물의 마음을 다르게 바라본다. 동물들의 인지능력은 그들이 본래 가지고 있는 인지자원만으로는 설명이 안 된다. 로봇공학 실험이 말해주듯 그것은 동물들의 내적 자원과 신체, 활동 환경 사이의 복잡한 관계들 속에서 이해되어야 한다. 이런 접근은 인체의 인지능력을 환경에 반응하는 몸과 신경체계의 관계를 통해 설명할 수 있다고 보는 '본질적 체화 이론radical embodiment thesis'의 주장과 일치한다. 이런 시각은 관계의 지속성이나 관계 자체의 성격에 따라 매우 다양한 형태의 인지시스템이 나타날 수 있다는 생각을 가능케 한다. 이런 의미에서 마음은 본질적으로 체화되었다고 말할 수 있다. 그것은 첫째로 마음이 몸의 특정 부분과 분리될 수 없고 그것을 뛰어넘어 다른 형태로 체화될 수 없으며, 둘째로 이렇게 본다면 마음이 어떤 사물이 아닌 하나의 프로세스로서 존재할 수밖에 없기 때문이다. 예를 들어 식물이나 동물의 성장은 사물이 아니라 세상에서 벌어지는 사건들의 연쇄 프로세스로 보아야 한다. 사실 '체화'라는 표현 자체가 혼동을 불러일으킨다. 왜냐하면 서양의 기독교 문화에서 이 말은 물질계에 어떤 영적인 존재가 침입해 들어온다는 뜻으로 쓰이며, 여기서처럼 순전히 육체적인 조직으로부터 마음이 출현한다는 생각과는 다르기 때문이다.

그렇다면 본질적 체화를 데카르트가 말한 '동물의 마음'처럼 물질적 의미로만 한정하고, 인간의 마음을 육체를 초월한 일종의 우주적 보편성을 획득한 또 다른 능력으로 보아야 할까? 또는 인간 마음의 특수성 또한 바다가재나 귀뚜라미처럼 인간이 처한 종적 환경으로부터 나온 것으로 보아야 할까? 그러나 데카르트가 쓴 글들을 잘 살펴보면 이원론을 거부하는 심리철학자들이나 일반인들의 그에 대한 평가와는 사뭇 다른 얘기를 하고 있음을 알 수 있다.

사악한 정령

마음과 지식이 어디에서 발생하는지에 대한 데카르트의 탐구는 그때까지 진리로 받아들여지던 모든 지식에 대한 근본적인 회의에서 시작되었다. 하지만 기억해야 할 것은 이런 극단적인 회의가 과학적 확신을 얻기 위한 방법론일 뿐 인지의 근원을 밝히기 위한 시도는 아니었다는 점이다. 사실상 영혼을 가지지 않는 동물이 인지행동을 할 수 있다는 건 인간들에게 특별한 인지시스템이 있다는 얘기와 같다. 데카르트가 인간의 인지시스템을 신 이외에는 아무도 가질 수 없는 인간만의 뛰어난 능력으로 보았다는 얘기다. 따라서 그의 탐구는 다른 존재에겐 적용될 수 없는 인간만의 특별한 인지 능력에 초점이 맞추어질 수밖에 없었다.

우리가 종종 착오를 범한다는 사실은 세상에 대한 우리의 관점이 지극히 개인적일 뿐이라는 깨달음의 계기는 될 수 있지만, 이런 개인적 관점을 모두 '마음(즉 자신과 세계 사이에 가로놓인 표상)'에 귀속시킬 근거는 되지 못한다. 왜냐하면 원칙상 인지의 오류는 발견되고 수정될 수 있기 때문이다. 이런 발견과 수정은 언제나 가능하고 일상적으로 벌어지는 일이다. 그래서 우리는 개인의 관점을 모두 사실로 받아들이지 않으며 그것의 '존재론적 실재성'을 의심하곤 한다.

아리스토텔레스가 어느 날 멀리서 둥근 탑을 바라보았다고 하자. 그런데 그가 탑에 가까이 갈수록 사실은 탑이 사각의 형태를 띠고 있음을 깨닫게 되었다. 마침내 그는 관점에 따라 탑의 모양이 다르게 보이며 위치를 계속 바꿀 때에야 비로소 진짜 모습을 파악할 수 있다는 결론에 도달한다. 하지만 절대적 확실성을 추구하는 데카르트에게 문제는 이게 아니었다. 같은 예를 통해 데카르트는 언제 어느 곳에서 바라보든 탑의 모양이 우리의 착각을 불러일으킨다는 결론에 이른다. 데카르트의 관심은 아리스토텔레스처럼 우리가 어떤 경우에 착각을 하게 되는지 밝혀내는 데에 있지 않았다. 그는 어떻게 하면 '착오를 범하지 않고 오류로부터 자유로울 수 있는지' 알고 싶어 했다. 따라서 데카르트가 던졌던 철학적 질문은 근본적인 회의, 즉 어쩌면 저 탑이 존재하지 않을 수도 있으며 저 탑이 있는 세상 또한 존재하지 않을 수도 있다는 극단의 의심으로부터 어떻게 벗어날 수 있을까 하는 것이었다. '마음으로서의 자아'의 발견은 바로 이런 근본적인 회의로부터 생겨났다. 그러나 데카르트의 철학을 이끈 우화는 흔히 생각하듯 터무니없는 가정이 아니었다. 이야기의 진실성을 따지기에 앞서 이 우화는 우리에게 분석해 볼만한 매우 흥미로운 문제들을 제공해준다.

"나는 생각한다. 고로 나는 존재한다."라는 데카르트의 명제는 외부 세계와의 관계보다 나 자신과의 관계에 지적 우선권을 부여하고, 우리에게 그동안 다른 어떤 생각이나 믿음 또는 주장도 제공하지 못했던 확신을 주었다. 하지만 "나는 생각한다. 고로 나는 존재한다."가 이를테면 "나는 코를 판다. 고로 나는 존재한다."보다 더 큰 확실성을 주는 이유는 여기에 어떤 사고, 즉 우리가 지각하거나 아는 모든 것에 대한 '회의'라는 특별한 생각이 작용했기 때문이다. 마음에 인지적 우선권을 주려는 생각의 근저에는 다른 데에서 오는 모든 지식들이 불완전하고 불확실하다는 생각이 자리잡고 있다. 이런 생각은 내가 모든 것을 의심하더라도 나의 존재만큼은 확실히 남는다는 결론으로 이어진다.

하지만 모든 걸 의심한다는 건 간단한 일이 아니다. 기초적인 수학적 진실을 의심하거나, 매우 간단한 셈(예를 들면 삼각형의 변이 정말 3개일까 의심하는 일 등)에서 오류를 걱정하는 건 상식적이지 않다. 더구나 데카르트의 『철학적 성찰』에서처럼 당신이 "담즙에서 뿜어져 나온 검은 기운 때문에 뇌에 이상이 생겨 자신을 왕이라고 믿거나, 분명 옷을 홀딱 벗고 있음에도 불구하고 자신이 황금빛과 자줏빛의 화려한 옷을 걸치고 있다고 생각하거나, 또는 자신이 항아리이며 유리로 된 몸을 가지고 있다"[109]는 의심으로 독자들을 유도하는 건 쉬운 일이 아니다. 데카르트의 우화 속에 등장하는 또 다른 등장인물인 '사악한 정령'은 이런 임무를 위해 창조되었다. 상상으로 만들어졌지만 데카르트가 창조한 사악한 정령은 논리적 필연성에 이르기 위한 핵심적인 등장인물이었다.

아리스토텔레스가 보았던 탑의 예를 극단적 회의라는 틀에서 다시 생각해 보자. 아리스토텔레스가 탑에 가까이 갈 때마다 정교한 홀로그래피 영상이 둥글던 탑을 사각형으로 보이도록 만든다고 가정하자. 홀로그래피는 멀리서 보았을 때 둥근 형태를 띠던 탑이 가까워질 수록 다른 모습으로 보이도록 조작한다. 아리스토텔레스는 자신의 착각을 수정했다고 믿겠지만 데카르트의 극단적 회의는 착각한 상태와 착각하지 않은 상태의 차이마저 알 수 없는 것으로 만들어 버린다. 탑을 만져보거나, 주위를 돌아보거나, 그림자를 살펴보거나, 주변의 연못에 비친 모습을 보거나, 무슨 짓을 해도 탑은 언제나 사각형으로 보인다. 실제로 탑은 둥글지만 사악한 정령이 온갖 방법을 동원해 시각적 혼란에 빠뜨리고 있는 것이다. 이 경우, 주체(아리스토텔레스나 데카르트)가 자신들이 속았다는 사실을 영원히 깨달을 수 없다면 "탑이 사실은 둥글다"거나 "그가 센 삼각형의 변의 수가 틀렸다"고 말하는 것은 의미가 없다. 교활한 정령이 계속 진실을 왜곡하고 있는 한 아리스토텔레스는 절대 탑이 둥글다는 결론에 이르지 못할 것이고 데카르트 또한 세 개보다 많거나 적은 삼각형의 변을 경험할 수 없을 것이다. 이는 아리스토텔레스가 멀리서 볼 때 둥글었던 탑이 가까이 가보니 사각형이라고 깨달았던 상황과는 근본적으로 다르다.

행위자가 착각임을 전혀 깨닫지 못하고 앞으로도 영원히 깨달을 수 없다면 착각이란 말은 아무 의미도 없다. 본인이 착각할 수도 있다는 사실을 상상할 수 있을 뿐 실제로는 자각할 수 없다면 착각은 착각이 아니다. 데카르트의 우화에 따르면 그것이 착각일 수 있는 건 단 한 가지, 아리스토텔레스나 데카르트를 속이려는 의도가 없는 다른 강력한 지적 능력의 행위자가 탑의 형태를 둥글게 보거나 삼각형의 변의 수를 셋이 아닌 둘이나 넷으로 인식하는 경우다. 이 얘기의 핵심은 주관적 오류를 자각하거나 상상하기 위해선 다른 관점의 행위자가 반드시 필요하다는 것이다. 다른 행위자의 존재만이 극단적 회의에서 자기 존재의 확실성을 이끌어내주며, 내 마음속의 생각에 대한 나의 지적 우선권을 가능케 해준다. 이렇게 극단적 회의는 나를 앎의 대상으로 삼고 내가 착각하고 있다는 걸 지적해 줄 다른 행위자를 필요로 한다.

데카르트의 극단적 회의와 여기서 이끌어낸 마음의 형이상학적 발견은 주체인 데카르트가 자신이 착각하고 있다고 판단할 수 있는 제2의 지적 행위자를 필요로 한다. 맞고 틀리고를 떠나 본인이나 세상에 대한 '나'의 인식이 타인의 것에 비해 지적 우선권을 누릴 수 있는 것은 데카르트가 혼자만 인식하고 있다고 생각한 세상을 함께 누릴 제2의 행위자의 적극적 개입 덕분이다. 데카르트의 주장이 받아들여지고 그가 자기 존재를 확신하기 위해선 스스로가 "나를 속이기 위해 머리를 쥐어짜고 있는" 다른 지적 행위자의 대상이 되어야 한다. 나의 앎에 대해 내가 가지는 특권은 환상일 뿐이다. 왜냐면 마음이나 인지 프로세스의 중심을 이루는 모든 자각은 나를 대상화할 수 있는 또 다른 지적 행위자의 존재를 전제로 하기 때문이다.

인간의 마음(데카르트 이후 다른 어떤 인지시스템보다 우월하다고 생각되었던)을 출현하게 만든 특별한 환경이란 다름 아닌 사회적 환경이다. 데카르트의 철학적 우화가 말해주는 중요한 교훈은 바로 거기에 있다. 즉 '개인 경험의 주관적 체계subjective structure of first-person experience가 그것을 생성해내는 인지 프로세스의 체계를 반영하지 않는다'는 점이다. 물론 데카르트는 여기서 전혀 다른 결론을 이끌어냈지만 말이다. 데카르트가 『철학적 성찰』을 발표한 뒤에 나와 내 마음에 대한 나의 지적 우선권은 당연한 것으로 받아들여지게 되었다. 하지만 데카르트의 텍스트를 잘 읽어보면 마음의 발견이 다른 지적 행위자의 기만이나 유도를 통해서만 이루어질 수 있다는 걸 알 수 있다. 데카르트적 인식의 주체들이 사는 사회라 할지라도 감정적으로 무의 상태는 아닐 것이다. 그곳 또한 애정과 미움이 있고, 누군가 나를 착각에 빠뜨리고 그런 착각에서 헤어날 수 없을지도 모른다는 주체의 불안이 팽배한 세상일 것이다.

이처럼 방법적 유아론이나 내 지식이 타인의 지식에 우선한다는 생각은 깊은 철학적 기반을 가지고 있지 못하다. 일상적인 의미든 형이상학적 의미든 또는 확장된 마음이 그랬듯이 불확실하고 모호한 의미든 "마음이 어디에 있는가?"라는 질문을 액면 그대로 받아들일 필요는 전혀 없다. 마음은 행위자의 머릿속이나 몸속 또는 오토의 주소록 속에 있지 않다. 그것은 '지적 행위자들 사이의 관계'에서 나오는 것이나. "마음이 어디에 있는가?"라는 질문이 "마음은 어디까지 확장될 수 있는가?"라는 질문과 마찬가지로 무의미한 이유가 바로 여기에 있다.

정서와 공감의 로봇

마음이 출현하는 지점이면서 정신철학과 인지과학이 외면했던 '사회환경'이란 측면을 연구하는 로봇공학은 '정서'를 가장 중요한 주제로 삼는다. 다른 분야와 달리 실험과 이론을 겸해야 하는 이 학문은 여

타의 연구 분야와는 조금 다르다. 로봇들에게 특정 기능을 심어주기 위해 공학적 솔루션을 찾아야 하고 인간의 사회성이나 감정에 대한 이론적 연구도 병행해야 하기 때문이다. 하지만 소셜 로봇공학에서 두 측면은 서로 부딪치지 않는다. 감정을 이론적으로 다루기 위해선 심리철학과 인지과학 그리고 심리학을 지배했던 방법론적 유아론을 수용해야 하지만 연구의 최종목표인 기술 적용을 위해선 감정을 사회적 현상으로 보아야 하기 때문이다.

소셜 로봇 연구에서는 인간-로봇의 상호작용Human-Robot Interaction[110], 감정 로봇공학Affective Robotics[111], 인지 로봇공학Cognitive Robotics[112], 발달 로봇공학Developmental Robotics[113], 후생 로봇공학Epigenetic Robotics[114], 도움 로봇공학Assistive Robotics[115], 재활 로봇공학Rehabilitation Robotics[116] 등 여러 학제 간의 융합 연구가 매우 활발히 이루어지고 있다. 이 분야의 연구자들은 이론 틀과 연구목적, 연구방법은 물론 프로젝트와 연구 구성원까지 다양하게 공유한다. 이들의 이해와 관심은 "어떻게 소셜 로봇이라는 새로운 형태의 행위자들을 인간들의 사회망에 편입시킬 것인가"에 쏠려 있다. 이들의 목표는 단순히 안내나 교육, 건강관리, 치료, 오락 등을 위한 '하인 로봇'을 만드는 데 있지 않다. 소셜 로봇이란 엄연히 인간 행위자와 '사회적 상호작용'을 할 수 있는 인공행위자이기 때문이다.[117]

앞에서 보았듯이 '소셜 로봇'은 인간과 마찬가지로 상대방에게 실재감을 준다는 속성을 지닌다. 소셜 로봇은 인간 파트너에게 "누군가와 함께한다는 느낌"과 "타자와 대면한다"는 느낌을 주도록 만들어야 한다. 이런 느낌은 단순히 인간 파트너 쪽의 심리적 투영이 아니라 모든 사회적 관계의 시작인 대면관계에서 실제 일어나는 것과 같아야 한다.

사회적 실재감은 대화 내용을 알아듣고 반응하거나 상대를 식별 또는 인지하는 능력 이상의 것을 요구한다. 이를 위해선 기존의 인공지능 컴퓨터들이 수행할 수 있는 정보처리보다 높은 수준의 인지능력이 요구된다. 나아가 오늘날 소셜 로봇공학이 다루는 사회적 상호작용에는 신체를 통한 의사소통 능력도 포함된다. 그래서 소셜 로봇공학은 우리가 보통 신체언어라 부르는 몸짓, 눈빛, 신체접촉 같은 다양한 종류의 상호작용들도 연구한다. 이런 의사소통 능력에는 정서적 반응도 포함되며, 이 경우 실재감은 일종의 촉매제 역할을 한다. 오늘날의 로봇공학이 찾는 것은 지금까지 컴퓨터적 방식으로만 해결하려 했던 파트너와의 물리적 관계만이 아니라 지금껏 해결이 어려웠던 문제들에 대한 보다 단순하고 만족할 솔루션이다.

인간 파트너의 감정표현을 알아차리고 해석하여 적절히 대응할 줄 아는 로봇을 만드는 일은 인간-로봇의 관계에, 특히 로봇의 사회적 수용에[118] 있어 핵심적인 주제이다. 때문에 인간 파트너와 지속적으로 감정관계를 유지하는 능력은 소셜 로봇의 성공 여부를 가늠하는 가장 중요한 척도가 된다.

'정서affection', '감정emotion' 또는 '공감sympathy'을 지닌 로봇을 만드는 건 오늘날 소셜 로봇공학의 핵심 과제다.[119] 우리는 이를 소셜 로봇공학뿐만 아니라 모든 인지과학이 가장 우선시해야 할 과업으로 본다. 로봇에게 감정과 공감을 부여하는 일은 단순히 사회적 실재감을 지닌 사회적 행위자를 만드는 것 이상의 의미를 지닌다. 로봇과 인간 사이의 상호작용에 감정과 공감을 불어넣으려는 시도들은 보기에 간단해 보여도 인지과학과 심리철학의 경계에서 어쩔 수 없이 발생하는 여러 경험적 문제들에 직면할 수밖에 없다. 과학과 철학의 발전은 고전적 인지과학과 지식 철학이 지금까지 인지 행위자에 부여했던 근본 한계인 '내면의 감옥'이란 문제로 모아지게 된다. 특히 오늘날 소셜 로봇공학 연구는 '나의 마음'이나 '너의 마음'처럼[120] 자주 사용하는 소유격 표현에 문제를 제기함으로써 마음을 처음부터 내재적, 개인적, 사적인 어떤 것이라 보고 행위자를 마음의 '소유자'로 보는 철학적 전통을 포기할 것을 종용한다. 이런 가정들이란 앞에서 살펴본 바와 같이 마음이 공간적 실체이고, 뇌 안에 위치하며, 때로는 두개골과 피부를 넘어 확장된다는 생각을 포함한 주류 인지과학이 보편적으로 받아들이고 있는 생각들을 말한다. 이 모든 혁신적 주장들은 그 접근방식에서 데카르트가 확립한 내면주의에 반대하면서도 사실은 물질 일원론의 치장 뒤에서 마음과 물질의 이원론을 그대로 답습하고 있었다.

이에 비해 감정을 지닌 로봇에 대한 연구는 마음을 비물질적인 실체도 아니요 그렇다고 공간적으로 확장된 무엇도 아닌, 하나의 네트워크나 베이트슨Bateson이 말한 '생태' 개념으로 파악한다. 제2장에서 보았고 앞으로도 자세히 살펴보겠지만, 우리는 마음을 여러 인지 시스템들과 환경 그리고 여러 시스템들 사이의 결합장치나 연결망으로 본다. 또한 이들을 여러 다른 층위에서 엮어주는 다원적이고 역동적인 공조의 방식으로 본다.

　　마음에 대한 소셜 로봇공학의 영향력은 인지과학과 철학 분야 내의 학술적 논쟁에 그치지 않고 마음의 패러다임에 변화를 가져왔다. 감정과 공감을 다루는 소셜 로봇공학 연구는 소셜 로봇이 앞으로 우리 인간 사회의 환경에 미칠 충격을 이해하는 것과도 관계가 있다. 향후 몇 년 동안 이 분야에 이루어질 변화를 생각하면, 우리 앞에 펼쳐질 미래를 면밀히 살펴보는 일의 중요성은 아무리 강조해도 모자람이 없을 것이다.

불분명한 경계

이원론은 끈질긴 생명력을 가지고 이어져 왔는데, 소셜 로봇공학에서도 그 자취를 찾을 수 있다. 여기엔 오래된 두 가지 학문적 접근방식이 있는데, 하나는 감정의 '외적' 측면과 관련된 것이고 다른 하나는 '내적' 측면에 관련된 것이다. 두 접근방식은 각각 감정의 사회적 차원과 개인적 차원과도 연결된다.[121] 두 연구방법은 서로 다른 길을 가고 있지만 사실은 서로 밀접한 관계가 있으며, 심지어 '공진화' 해왔다는[122] 사실을 모두 알고 있다. 아직까지 연구자들 사이에 두 방법론간의 구분이 굳건히 유지되고 있긴 하지만 사실 그 차이는 유동적이고 모호하다. 앞으로 보겠지만 최근의 진전된 연구는 이 방법을 고수하는 한편 서로의 차이를 무너뜨리는 데에 일조하고 있으며 이런 상황은 감정의 내적/외적 측면은 물론 개인적/사회적 측면을 다시 연결하고 통합하는 방식으로 나아가고 있다. 제4장에서는 감정의 개인적/사회적 측면과 내적/외적 측면을 연결하고 통합하려는 노력이 어느 정도까지 성공했는지 평가해 볼 것이다. 우리는 이런 구분과 함께 그 토대가 된 이원론을 폐기할 때가 되었다고 생각한다. 즉 이것들을 감정의 두 측면으로 이해하기보단 연속적이고 역동적인 통합적 순간으로 인식할 필요가 있다는 얘기다.

소셜 로봇공학 내에서의 상이한 접근법은 두 가지 고민에서 비롯되었다. 하나는 '외적' 현상에 해당하는 로봇의 감정표현에 관한 것이고, 다른 하나는 '내적' 현상에 해당하는 로봇의 감정 생산과 조절에 관한 것이다. 이 두 접근방식은 기술적으로도 서로 다른 양상을 띤다. 감정의 외적-사회적 측면의 연구는 사용자들의 감정과 공감을 유도해낼 수 있는 인간을 닮은 로봇 개발에 주안점을 두는 반면 감정의 내적-개인적 측면의 연구는 인간이나 동물처럼 자연스러운 감정 조작이 가능한 로봇의 제작을 목표로 한다.

내적/외적 접근방식의 구분은 다시 로봇의 감정에 대한 상이한 시각으로 이어진다. 첫 번째의 경우 로봇이 드러내는 감정은 표현의 방식만 흉내 낸 가짜로 여겨진다. 감정의 표현에만 집중하여 기계를 만들면 인간 파트너의 기분에 맞춰 반응은 하지만 실제론 아무 감정도 느끼지 못하는 불감증 로봇들이 탄생할 수밖에 없다는 것이다. 이들의 대상이 대부분 노인이나 몸과 마음이 아픈 아이들처럼 감정 취약 계층임을 생각한다면 상대의 취약한 감정 상태를 이용한다는 비난을 피하기 힘들다.

앞서 논리대로라면 로봇이 인간이나 동물과 유사한 생물학적 감정조절 능력을 갖췄을 때만 '진짜' 감정을 가졌다 말할 수 있을 것이다. 즉, 시늉이 아니라 진짜 감정을 가지고 진심을 표현하는 로봇을 만들어야만 하는 것이다. 물론 이 정도의 기술에 도달하려면 아직 많은 세월이 필요하다. 그럼에도 이 연구의 기본 전제는 '진짜' 감정을 재현해내는 것이 될 수밖에 없다. '진짜' 감정을 갖추는 것만이 로봇들이 인간 파트너들과 '진실한' 정서적 관계를 맺을 수 있는 필수조건이라는 얘기다.

이런 두 가지 접근방식에는 앞에서 본 개념구조가 밑바탕에 깔려있음을 알 수 있다. 즉 행위자 내면에 감춰진 개인의 마음(결국 개인의 감정)은 밖으로 표출되는 행위를 통해서만 간접적으로 알 수 있다. 외적 로봇 연구가 눈속임(또는 거짓말)으로 비쳐지는 것은 행위자의 내면에 아무것도 담겨있지 않고 아무런 느낌도 가지고 있지 않으면서 단지 흉내만 낼 뿐이라는 생각 때문이다. 이에 대해 내적 로봇공학은 인공행위자에게 표출되는 감정의 진실성을 보장하는 '내면성'을 장착하려 한다. 그러나 문제는 '내면성'(그것이 실제로 존재하는지와는 별개로)이 더없이 물질적일 수밖에 없는데도 두 경우 모두 이원론적 도식에서 벗어나지 못하고 있다는 것이다. 소셜 로봇공학의 내적/외적 접근법이 제기하는 윤리 문제(무엇이 거짓 없는 진실한 감정인가?) 또한 이원론의 영향 아래서 생겨난 것들이다.

그러나 외적 접근과 내적 접근을 각각 거짓 감정과 진짜 감정으로 연결하는 관행을 자세히 따져 보면 논리적 근거가 부족하다는 걸 알 수 있다. 최근 소셜 로봇공학의 발달은 감정의 내적/외적 측면 사이의 경계를 허물고 내적 프로세스가 있어야 진실한 감정표현이 생성될 수 있다는 생각에 이의를 제기한다. 그리고 감정의 내적/외적 측면의 구분에 대한 이런 이의제기는 새로운 시각으로 로봇의 윤리 문제에 접근하도록 우리를 이끈다.

외적 로봇공학, 또는 감정과 공감의 사회적 측면

감정의 외적-사회적 측면 연구는 로봇의 몸과 얼굴뿐 아니라 동작, 몸짓, 태도, 접근 표현에도 관심을 가진다. 또 정지해 있거나 움직이는 로봇의 외양이 인간들에게 어떤 영향을 미치는지도 탐구한다. 로봇의 행동에 감정의 색깔을 입혀줌으로써 로봇의 표현 서비스가 상대에게 더 편안하고 효율적으로 받아들여지도록 하는 것이 이 연구의 목적이다. 이런 방법론에는 인공행위자와 인간 간에 긍정적이고 지속가능하고 조화로운 관계가 이루어지려면 무엇보다도 공감이 중요하다는 생각이 자리잡고 있다.

'공감' 로봇을 만들려면 공연예술에서 인지과학, 순수과학에 이르기까지 다양한 분야의 지식이 필요하다. 이 연구는 표현의 효과적인 생성과 수용에 주목한다. 그리고 인형에서 안드로이드, 동물, 물건에 이르기까지 믿음, 의도, 희망, 감정 등의 정신상태상을 부여해주는, 인간의 소위 의인화 본능에 주목한다. 이 의인화 개념은 최신 소셜 로봇 연구의 한 분야인 인간-로봇 상호작용Human-Robot Interaction이나 인간-컴퓨터 상호작용Human-Computer Interaction 등의 연구에 혁신적인 변화를 가져다주었으며 감정의 외적 측면을 연구하는 로봇공학에도 큰 발전의 계기를 마련해 주었다.

심리학에서는 의인화를 육체와 정신을 혼동한 결과로 받아들인다. 7세까지의 아이들에게 흔히 나타나는 이런 혼동을 피아제Piaget는 자기중심적이고 애니미즘적인 사고의 결과로 보았다.[123] 그러나 최근 연구는 의인화가 인간 정신의 본질적 측면의 하나라고 말한다. 이 연구에 따르면 의인화 현상은 "발달의 특정 단계와 상관없이" 나타나며, "자신이 관계하는 대상이 진짜 정신적 속성을 지니고 있는지의 여부와 상관없이" 나타난다. 그럼에도 살아있지 않은 대상에 마음이라는 속성을 부여하는 이런 특성은 "어떤 상황에서 어떻게 관계를 맺는가에 크게 영향을 받을 수밖에" 없다.[124]

이 개념의 핵심 가정은 인간의 행동과 사고의 발달이 기본적으로 대화를 통해서 이루어지며, 그래서 자연적으로 동물이나 인공물을 대화상대로 여기는 상황이 발생한다는 것이다. 여기서 말하는 대화의 상황은 말 주고받기가 일어날 수 있는 모든 소통의 상황을 말한다. 여기엔 흉내, 언어표현, 비언어 표현(고함, 으르렁거림, 투덜거림 등), 몸짓 같은 다양한 방식들이 포함된다. 많은 학자들의 지지를 받고 있는 연구에 따르면 의인화는 우리 인간의 특징적인 인지구조와 관계가 있는데, 그것은 바로 목적론적 사고와 대화를 통한 상호작용이다. 우리가 평소 동물이나 인공물처럼 이야기할 거리가 없는 상대와도 대화를 시도하는 이유는 이런 의인화 경향으로 설명할 수 있다. 우리가 컴퓨터를 향해 "지금 고장 나면 안 돼!"라고 소리치는 건 컴퓨터가 말을 이해하거나 명령이 효과가 있을 거라 기대해서가 아니다.

이렇게 인공물에 친밀감을 느끼고 공감대를 형성하는 건 최소한 이들을 대화상대로 인정하기 때문이다. 외적 로봇공학이 로봇에게 육체성과 자율동작을 갖춰 줌으로써 단순한 흉내와 몸짓, 표정을 넘어 실제 대화 능력까지 심어주려는 것도 이 때문이다. 다양한 방법으로 이런 능력을 심어준다면 치료, 교육, 안내 등 감정과 공감 반응이 필요한 로봇들에게 상황에 맞는 행동을 이끌어낼 수 있을 것이다.

1장에서 다룬 마사히로 모리의 불쾌한 골짜기 가설은 순수 연구나 실용기술 개발 면에서 '외적' 로봇을 연구하는 데 중요한 생각거리를 제공해 준다.[125] 이 가설에 따르면, 로봇은 친밀감을 주기 위해 여러 면에서 인간과 비슷할 필요가 있지만 "지나치게" 닮아서는 안 된다. 인간과 비슷함에서 오는 친밀감이 자칫 불편함이나 불쾌함으로 이어질 수 있기 때문이다. 왜 이런 현상이 나타나는지에 대해선 아직 명확히 밝혀지지 않았다. 모리는 인간과 너무 흡사한 로봇의 외양이 우리에게 두려움과 혐오감을 심어주기 때문이라고 추측한다. 인간-로봇의 상호작용에 대한 최근의 연구들도 인간과 흡사하다는 점은 우리에게 친근감을 주는 결정적 요인이 되지 못한다고 말한다. 의인화에 대한 새로운 해석에 동의하는 연구자들은 로봇 앞에서 감정이나 공감을 느끼는 이유가 인간의 종적 특성에서 온다고 말한다. 이를 바탕으로 앞 장에서 보았던 불쾌한 골짜기에서 급작스런 친밀감의 단절에 대해 설명할 수 있을 것이다.

뒤의 사진과 설명은 외적 대리로봇 공학이 만들어낸 인공행위자들의 예이다. 모리의 곡선에 따라 순서대로 배열했다. 인간과 비슷한 로봇일수록 뒤쪽에 있고 덜 닮은 로봇일수록 앞에 있다. 엄밀히 말해 이런 분류는 닮음이란 개념이 얼마나 모호한지 보여준다. 표에서 채택한 닮음의 기준은 시각적인 유사성일 뿐이다. 하지만 정서표현의 풍부함에 있어선 키폿이 사야를 훨씬 앞선다. 이렇게 보면 키폿이 외모는 사야만 못해도 다른 기준으로 볼 때 인간과 훨씬 닮았다 할 수 있다. 로봇공학자들은 닮음이 이렇게 모호한 것이라면 인간의 본능적 의인화 성향을 다양한 방식으로 자극함으로써 로봇과의 정서적 권계를 이끌어낼 수 있으며 이를 통해 로봇이 사회적 역할을 수행하도록 만들 수 있다고 말한다. '닮음'이란 개념의 다의성은 의인화가 인간의 인지능력에 매우 중요한 요소로 작용한다는 최근의 연구를 뒷받침한다.

앞에 예시한 로봇들은 모두 신시아 브리질[Cynthia Breazeal]이 제안한 소셜 로봇의 두 가지 분류 범주에 속한다.[126] 먼저 '사회성 환기용' 로봇들이 있다. 브리질에 따르면 이 로봇들은 "인간의 의인화 경향에 기대어 인간들이 피조물들을 기르거나 돌볼 때 솟아나는 책임감 같은 감정을 활용"한다. 다음으로 '사회 소통용' 로봇들이 있다. 이 로봇들은 사회인지의 수준에서 볼 땐 겨우 인간을 흉내 내는

키퐁 Keepon

- **모습**: 인형
- **표현 방식**: 소리, 몸동작

    1) 좌우운동으로 즐거움을 표현

    2) 위아래운동으로 흥분상태를 표현

    3) 진동으로 두려움을 표현

- **수용 방식**: 접촉과 시각(비디오카메라)
- **주요 용도**: 자폐아동 치료, 기타 오락용으로 쓰임

파로^{Paro}

- **모습**: 동물
- **표현 방식**: 몸과 눈꺼풀의 움직임
- **수용 방식**: 접촉, 언어인식, 큰 소리가 날 때 방향과 출처 감지
- **주요 용도**: 자폐, 치매, 우울증 등 여러 형태의 치료 목적으로 쓰임, 기타 오락용으로 쓰임

나오 NAO

- **모습**: 만화 캐릭터
- **표현 방식**: 움직임, 자세, 제스처, 목소리, 소리와 영상 신호, 또는 공간 활용 행동
- **수용 방식**: 접촉
- **주요 용도**: 자폐아동 및 행동발달 치료, 교육(지도사, 교사, 코치), 기타 오락용으로 쓰임

카스파 KASPAR

- **모습**: 아이
- **표현 방식**: 머리 팔 손 눈꺼풀 움직임, 자세, 간단한 제스처, 목소리와 얼굴 표현
- **수용 방식**: 접촉
- **주요 용도**: 자폐아동 치료

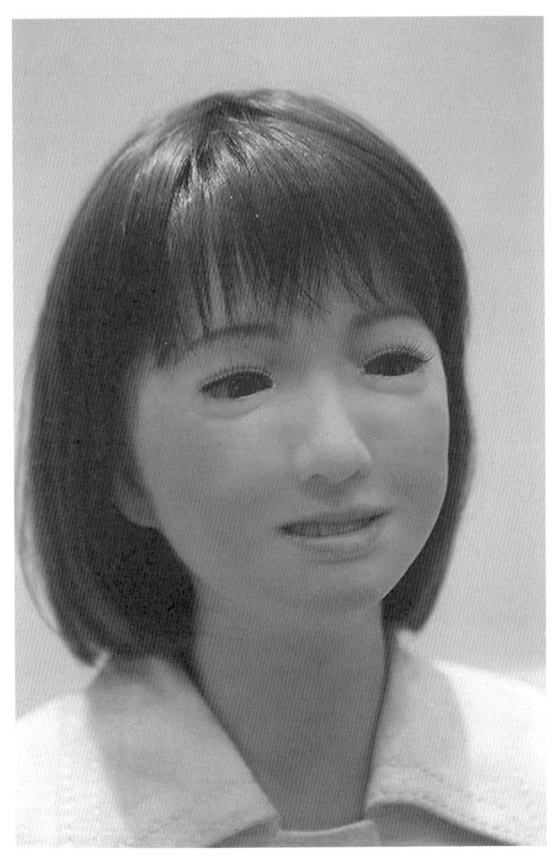

사야^{Saya}

- : 인간
- **표현 방식**: 사실적 얼굴 표현, 자세, 목소리
- **수용 방식**: 시각, 청각
- **주요 용도**: 교육용(지도), 서비스용(안내)

페이스 Face

- **모습**: 인간
- **표현 방식**: 얼굴표정에 의한 사실적 감정표현(기쁨, 슬픔,놀람, 분노, 불쾌감, 두려움 등에 한함)
- **수용 방식**: 얼굴과 눈의 움직임에 따라
- **주요 용도**: 자폐아동 치료

제미노이드 Geminoids

- **모습**: 인간
- **표현 방식**: 머리 움직임, 자세, 목소리
- **수용 방식**: 시각과 청각
- **주요 용도**: 인간-로봇 상호작용 연구 및 오락(연극)

정도지만, 인간과 비슷할 정도의 자연스러운 소통 능력을 보여준다. 브리질은 소셜 로봇공학의 외적 접근 방식으론 자신의 기준에 맞도록 '사회적으로 반응하는 로봇'이나 '사회성을 지닌 로봇'을 만들기 어려울 거라 본다. 다시 말해 외적 접근의 로봇공학으로는 인간처럼 수준 높은 사회성을 모델화할 수 없다는 것이다. 무엇보다 현실적으로 자극과 감정(브리질이 '내적 사회목표'라 부르는)을 특성화할 수 없기 때문에 그녀가 보기에 진정한 사회적 파트너로서의 로봇을 만드는 것은 불가능하다.

퐁Fong, 누루바크슈Nourbakhsh, 도텐한Dautenhahn 같은 학자들은 외적 감정의 로봇들도 얼마든지 진정한 사회성을 보여줄 수 있지만 이는 "단지 인간의 행위에 반응할 때나 인간이 자신의 심적 상태나 감정을 로봇에게 투사할 때만"[127] 가능하다고 말한다. 즉 외적 로봇들에겐 심적 상태나 진짜 감정 같은 것이 없으며, 상대에 공감을 느끼는 능력도 없고, 인간 행위자들과 나누는 사회적 관계란 고작 인간 파트너의 착각을 불러일으키는 연기나 흉내(대부분은 선의를 지닌) 정도라는 얘기다. 실제로 로봇의 정서행동을 연구한 많은 연구자들은 확실한 의도가 없는 간단한 인간적 행동패턴만 가지고도 마치 감정이 있는 듯 착각하게 만들 수 있다고 얘기한다.

예를 들어 로봇은 겁을 내거나 화가 난 듯 행동할 수 있지만 내적으로는 정말 두렵거나 화가 난 상태가 아니다. 로봇들은 이런 감정들을 만들어낼 수 있는 메커니즘이나 모듈을 가지고 있지 않다. 외부에서 행동을 관찰하는 우리가 그 행동을 설명하기 위해 감정을 부여할 뿐이지 실제로 그런 감정을 가지고 있는 건 아니다. 로봇에겐 감정을 만들어낼 수 있는 장치나 그에 상응하는 내적 상태 같은 게 없다. 감정이 있거나 공감하는 것처럼 행동할 뿐 이런 외적인 표현들을 생성해내고 정당화할 수 있는 내적 차원이 결여되어 있기 때문이다. 따라서 로봇들이 표현하는 감정은 실재하는 현상이 아닌, 인간 파트너들과의 상호작용에서 생겨나는 착시효과로 보아야 한다. 즉, 이 모든 현상은 관찰자의 눈에만 존재하는 것이다.

이렇게 로봇들의 감정이 진짜가 아닌 거짓과 흉내일 뿐이라는 생각은 로봇공학의 감정에 대한 '외적' 접근의 방법론적 원칙이기도 하다. 이를 볼 때 예술가, 화가, 조각가, 공연예술가들이 감정의 외적 로봇 연구에 적극 참여하는 현상은 놀라운 일이 아니다. 왜냐하면 예술과 로봇공학은 둘 다 '가짜'라 말할 수 있는 의도적 허위를 통해 진짜 감정반응을 유도해내려는 시도이기 때문이다.

내적 로봇공학, 또는 감정과 공감의 개인적 측면

내적 로봇공학의 감정 연구는 조직 행동에서 보이는 감정의 역할에도 큰 관심을 보인다. 인지 로봇공학cognitive robotics과 후성적 로봇공학epigenetic robotics, 발달 로봇공학developmental robotics 등의 연구 목적은 두 갈래로 나뉜다. 첫 번째는 감정이 인지와 행동에서 어떤 역할을 하는지 연구, 실험하기 위해 자연스런 감정의 프로세스 모델을 구상하고 제작하는 것이다. 이 연구의 목표는 인간과 동물의 감정을 더 잘 이해하는 데에 있다. 두 번째는 이러한 지식들을 활용하여 보다 자율적이고 적응력 있는 로봇을 만드는 것이다. 로봇 행위자들에게 감정 제어 시스템을 도입한다면 다양한 행동 옵션 중에서 스스로 우선순위를 결정하는 메커니즘을 심어줄 수 있을 것이다. 그렇게 하면 로봇들은 그때그때 적응 전략을 학습하고 환경이나 인간 또는 다른 로봇들과 자율적으로 행동을 주고받는 능력을 기를 수 있을 것이다.

로봇공학에서 감정의 내적 측면에 대한 관심이 커진 것은 기존 컴퓨터적 접근법으로부터 체화된 마음으로 중심이 옮겨진 인지과학 패러다임의 변화에 원인이 있다. 육체를 인지 프로세스의 중심이라고 보는 패러다임이 이전까지 물리적, 육체적 성격일 뿐 인지적 가치는 없다고 여겨시던 헌싱들에 관심을 가지게 만든 것이다.[128]

인지 프로세스 중 감정 부분에 대한 관심은 (이 두 가지가 사실은 나눌 수 없는 것이라는 생각이 퍼지면서) 로봇 연구를 체화된 마음의 급진 버전으로 이끌었고, 다시 로봇의 인지구조를 지각-행동 사이클과 연결시키는 감각운동 기능주의 sensorimotor functionnalism로 이어졌다. 그 중 특히 관심을 끄는 것은 유기체적 체화 organismic embodiment 이론[129]이다. 이 이론은 인지 프로세스와 감정 제어장치의 복잡한 관계를 인공 시스템에서 재현하는 걸 목표로 한다.

방법론에서 볼 때 체화된 인시과학[130]의 발견은 인지현상 중 오로지 컴퓨터 연산적 기능만을 모델화하여 인공지능에 심어주려던 이전의 시도를 포기하고[131] 이른바 구성적 constructive이고 인공적 synthetic

인 모델화를¹³² 도입하도록 이끌었다. 이 새로운 연구방법은 인지에 관한 여러 가설들을 로봇 시스템 안에 시현한 뒤 행동을 분석하여 이 시스템들이 환경에 어떻게 적응하는지를 테스트한다.¹³³ 이런 연구가 전제하는 것은 인지는 행동을 통해 직접 표현되며, 행동을 시스템이 지닌 인지능력의 간접적인 발현으로 보아서는 안 된다는 것이다.

이 구성주의적 연구방법은 자기조직화 이론의 전통을 이어받았다. 이러한 방법을 통한 최근의 연구들은 복잡한 현상 속에 감춰진 단순한 구조를 찾아내 축약하는 대신 시스템과 그 구성요소, 환경 간의 모든 상호작용은 물론 이를 관찰하는 사람들까지 포함하여 역동적 상호관계를 그 조직 단계부터 그대로 재구성하려 한다.¹³⁴

30년 전 간행된 발렌티노 브레이튼버그Valentino Braitenberg의 책에서 이 방법을 감정 모델에 적용한 예를 발견할 수 있다.¹³⁵ 브레이튼버그가 고안해낸 인공행위자들(공간을 이동하고, 장애물을 피하고, 광원을 따라 서로 가까워지거나 멀어지는 수레들)은 센서모터로만 상호작용하는 간단한 구조물들이다. 하지만 매우 빈약하게 서로를 지각할 수 있음에도 이 행위자들은 관찰자들이 보기에 감정을 지녔다고 할 만한 행동들을 보여주었다. 즉 두려움, 욕망, 공격성 같은 행동들을 관찰할 수 있었던 것이다. 이런 모델화는 인공적 방법이 제안하는 상호작용의 특성과 함께 관찰자의 빼놓을 수 없는 역할을 잘 보여준다. 그러나 이런 모델화는 결국 추상적인 감각운동 기능주의sensorimotor functionnalism에 갇혀 인공적 방법을 의미 없이 적용했다는 평가를 받는다.¹³⁶ 실제로 브레이튼버그의 시도는 사고실험에 그치고 말았다.

상상했던 인지 구조물들을 제대로 시현하지 못했고, 때문에 자연스러운 시스템이 지닌 감정의 구조와 역동을 제대로 생성해낼 수 없었다. 브레이튼버그가 모델화한 감정들은 외적 감정의 로봇공학에서 지적했듯이 오직 관찰자의 마음속에만 존재하는 것이었다. 여기서 사용한 인공적 방법으로는 감정이 어떻게 생성되는지에 대한 가설들을 테스트할 수 없었으며 동물의 조직 행동에서 나타나는 감정의 역할도 탐구할 수 없었다.

인지 로봇공학, 후성적 로봇공학, 발달 로봇공학 연구자들이 유기체적 체화론의 틀 안에서 진행한 감정 프로세스의 발생과 작용 연구는 인공적 연구방법을 보다 생산적으로 활용하고 있다. 연구의 목적은 행동으로 나타나는 감정과 공감능력의 기원과 역할을 탐구하는 것이다. 인지-정서를 새현해내려는 고전적 연구가 "로봇에게 감정이나 느낌이라는 이름의 장치만 덧붙이려는 것과 달리, 유기체 체화론은 감정 현상을 구성하거나 재현한다 여기는 장치를 통하여 로봇의 행동에서 감정이 솟아나고 그것을 융통성 있게 사용할 수 있도록 만든다."[137] 감정 행위 속에 감춰져 있다고 생각되는 프로세스는 개념적으로 묘사되는 데에 그치지 않고 실제 로봇의 시스템 안에 장착된다. 이런 방법을 통해 실험자들은 로봇과 환경 사이의 상호작용 실험을 통해서 감정 현상이 일어나는 역동과정을 재연할 수 있는 것이다.

하지만 내적 감정의 로봇공학이 지향하는 최종 목표를 고려하면 이 연구는 아직 걸음마 단계에 있다. 도미니코 파리시[Domenico Parisi]는 최근 'programmatic manifesto' 선언문에서 오늘날의 연구자들이 당면한 과제를 적절하게 표현했다.

지금 로봇의 뇌는 너무나 단순해서 우리가 이것을 점점 복잡하게 만들어야 할 필요가 있다. 그래서 최대한 그 기능을 실재 뇌 안에서 일어나는 의욕이나 감정과 일치시켜야 한다. 이 모든 것들은 뇌 만으론 충분치 않다. 의욕과 감정은 뇌 안에 있지 않기 때문이다. 이것들은 뇌와 나머지 다른 신체가 상호작용한 결과다. 우리는 로봇들의 감정을 전달하는 신경계가 몸 안의 특정 기관이나 시스템들(심장, 장기, 폐, 내분비나 면역 시스템 등에 해당하는)과 상호 작용할 수 있게 만들어야 한다. 하지만 이것은 먼 미래에나 가능한 일이다. (…) 로봇들이 동물이나 인간의 행동들 더 나아가 의욕과 감정까지 재현해내려면 '내적 로봇공학'이 필요하다.[138]

파리시의 바람은 헛되지 않았다. 실제로 이런 접근방식을 내세운 연구들이 확산되고 있다. 누군가는 로봇 행위자의 모델들을 만들고,[139] 누군가는 이런 로봇의 실험을 위한 플랫폼을 만들고, 누군가는 연구의 진행 방향을 이론적으로 제시한다.[140] 인간의 의인화 본능을 파헤치고 활용하는 외적 로봇공학 연구와 달리 내적 연구들은 로봇 내부에 감정과 공감을 불어넣어 주는 것을 목표로 한다. 내적 로봇공학이 만들어내려는 것은 정말 공감할 수 있고 실제 감정을 지닌 인공 행위자이며 그것은 진짜여야 한다. 랠프 아돌프스Ralph Adolphs는 다음과 같이 지적한다.

…확실히 로봇들은 일부 분야에서 인간과 사회적으로 상호작용할 수 있게 되었지만 … 정말 이 로봇들이 감정과 느낌을 가지게 되려면 (우리 인간들처럼) 세계 안에 속해 있어야 하며, 그들의 내적 구조 또한 인간의 그것과 비슷할 정도로 닮아야 한다. 더구나 로봇공학이 이 감정에 대해 새로운 무언가를 가르쳐 줄 수 있으려면 단순히 감정을 가진 듯 인간을 속이는 차원을 넘어 내적 처리장치의 구조를 밝혀내야만 한다.

내적 감정의 로봇공학은 감정과 사회성을 지닌 지능 로봇을 만들어내는 것을 목표로 한다. 이런 연구들을 이끄는 가설은 소셜 로봇들이 감정과 공감 능력에서 인간 사회성의 딥 모델에 기초한 내적 구조물을 갖춤으로써 인간과 비슷한 수준의 사회적 지능을 지니게 되리라는 것이다.[141] (표2 참조)

진실하고 순수하며 참된 감정을 지닌 로봇을 만들려는 내적 로봇공학은 외적 로봇공학의 인공행위자들이 지닌 감정이 속임수이며 거짓일 뿐이라는 비난을 불식시키기 위해 로봇에게 인간 행동에서 감정과 동일한 역할을 한다고 여겨지는 내적 메커니즘을 장착하려 한다. 하지만 이런 연구방법은 감정을 특정 기능적 역할에만 국한시키고 감정을 한 개체만의 것으로 여긴다는 한계를 가진다.

표2. 내적 감정의 로봇공학으로 만든 시스템들

접근방법	표현
신경망 모델 (Neurotic Network Model)	- 포유동물 뇌의 도파민 시스템에 기초한 신경망 모델 - 단순한 로봇 플랫폼 적용, MONAD
인지-감정 아키텍처 (Cognitive-Affective Architecture)	- 항상성을 지닌 3단계의 내부 제어장치와 체화나 유기체의 감정행동 조직의 통합에 중점을 둔 행동조직 (신경과 신체 활동, 감각운동 활동의 통합) - 서로 다른 단계의 조직들이 행동과제, 로봇의 자율성에 직접적 연결됨
정서발달 로봇공학 (Developmental Affective Robotics)	- 인간의 신체적 심리적 발달의 다양한 면들을 고려하고 연결하여 여러 단계에서 순환적으로 접근 - 인지발달 로봇공학의 원리에 입각하며, 자아/타자 인식에 중점을 둠 - 공감발달과 자아/타자 발달 사이의 평행이론 제시

정서적 회로

소셜 로봇공학의 감정 연구에 제기되는 본질적 의혹은 감정의 내적인 측면과 외적인 측면의 관계에 관한 것이다. 현재 진행 중인 연구들을 볼 때 감정의 내적 요소와 외적 요소는 사실상 차이가 불분명하다. 오늘날의 로봇공학 또한 이런 구분을 따르기도 하고 무시하기도 하는 양면적 태도를 유지하고 있다.

연구집단들이 의인화나 내적 감정의 모델화의 연구방법을 공유하는 걸 보면 양측 모두 이 구분을 따른다고 할 수 있다. 전문가들은 감정을 내적/외적 측면, 개인적/사회적 측면, 개인상호적/개인 내부적 측면, 가짜(가식)감정/진짜(순수)감정 등 일련의 대립적 특성으로 분류한다. 하지만 로봇공학 분야에서 이런 구분의 정당성을 규정한 연구는 어디에서도 찾아볼 수 없다. 또한 이런 구분에 상응하는 어떤 대립적 성격도 실제로 밝혀진 적이 없다. 왜 감정의 내적 측면은 진실이고 외적 측면은 거짓일까? 지금껏 아무도 이런 의문을 제기한 적이 없다. 그럼에도 이런 구분과 대립은 너무나 당연한 것으로 받아들여져 왔다. 감정에 대한 지극히 상식적인 개념에서 비롯된 이런 사고는 실제로 19세기 이후 철학의 주류로 여겨졌고 전통 인지과학뿐만 아니라 오늘날 주류가 된 온건 성향의 체화된 마음 이론에까지 영향을 미쳤다.

이런 분류에 따르면 감정은 내적인 것이며, 본질상 개인 내부 공간에서 일어나는 지극히 사적인 현상이다. 감정은 주체의 정서적 경험에서 나오며 때에 따라 사후적으로 외부에 표현되기도 한다. 감정은 타인의 접근이 가능하지만 표현 같은 간접적인 방식을 통해서만 그렇다. 데카르트 이후 주체들이 서로의 감정을 이해하고 타인의 마음을 들여다보는 일은 결코 직접적일 수 없었다. 타인의 감정을 이해하는 그의 행동을 이성적으로 분석하고 유추함으로써만 가능했다. 즉 유사한 상황에서 주체 자신이 느끼고 대응했던 감정들을 추측할 수밖에 없었던 것이다.

이런 직관적 생각이 로봇공학자들로 하여금 본능적으로 감정과 공감의 소위 내적/외적 측면을(개인 내부공간과 개인 외부공간으로) 나누어 연구하도록 만들었다. 그러나 실제로 이런 구분은 어느 쪽의 연구도 제대로 이끌어주지 못했다. 결국 외적/내적 감정의 로봇공학 양측 모두 나름의 방식으로 차이를 부정하기에 이르렀고 결정적으로 모두 하나의 중요한 결론에 이르게 되었다. 그것은 감정이란 현상이 실은 개인의 내부에서 외부로 이어지는 공간에서 펼쳐진다는 사실이었다.

앞서 살펴보았듯이 감정의 내적 조직을 모델링하는 데에만 힘을 쏟는 내적 로봇공학은 인공적이고 구성적인 방법을 적용한다. 하지만 이들의 주장은 감정이 개인적인 사건이고 개인내부 공간에서 일어나 개인외부 공간에서 우발적으로 표현된다는 고전주의적 입장과 충돌할 수밖에 없었다. 사실 인공적 방법론은 행위자와 행위자가 활동하는 환경이 만나는 접점에서 감정 현상을 설명하려 한다. 이런 인공적 모델에 적합한 분석 단위는 고립된 개인이 아니라 행위자와 환경으로 이루어진 시스템이다. 이 분석 단위들은 본질적으로 관계적이며, 소셜 로봇공학의 틀에서 볼 때 분명히 개체상호적인 성격을 지닌다.

외적 로봇공학도 감정 현상에 대해 관계적이고 개체상호적인 접근법을 취한다. 연구방법 또한 내적 로봇공학과 다른 쪽에서 내적/외적 구분을 넘어선다. 감정에 대한 전통적 개념을 취할 때의 외적 로봇공학은 사전 정의된 느낌을 인간 파트너와 나누는 것만으로 감정표현의 역할을 국한하지 않는다. 인공행위자의 감정표현은 인간 파트너의 감정을 유발하는 능동적 역할을 하는 것으로 여겨지고 모델화된다. 사실 로봇의 감정표현은 내적 경험이나 내적 제어의 역학

없이도 인간 파트너에게 명확히 받아들여지고 감정 반응을 불러일으킨다. 이렇게 표현은 우리가 그동안 내적 경험으로만 여겨졌던 감정, 즉 정서적 반응을 불러일으키는 프로세스의 중심이 된다. 실제 로봇이 하는 감정표현은 우리가 내적/외적, 개인적/사회적으로 엄격히 나누었던 감정의 구분을 뛰어넘는다.

이 경우 인간 파트너의 감정 반응은 절대 로봇의 느낌에 대한 유추로부터 나오지 않는다. 우리는 로봇이 아무것도 느끼지 못한다는 걸 잘 알고 있다. 제미노이드^{Geminoids}나 사야^{Saya} 같은 로봇은 외모로 우리를 속일 수 있다. 하지만 누가 보아도 로봇인 나오^{NAO}나 키퐁^{Keepon}도 우리의 감정을 불러일으키는 건 마찬가지다. 물론 로봇의 가짜 감정이 우리를 속여 착각을 불러일으켰다고 말할 수 있다. 하지만 이를 감안하더라도 우리에게 일어난 감정 반응이 실제로 일어났다는 건 부인할 수 없다.

외적 로봇공학이 고안해낸 인공행위자들의 공감 유도 능력에 대해 우리는 순수성을 문제삼아 왔다. 이들에게서 마음의 내적 상태에 상응하는 '내면성'을 찾을 수 없었지만, 대신 우리가 찾아낸 것은 개인 내부공간엔 자리하지 않고 온전히 인간-로봇의 관계 단위 내에서만 펼쳐지는 역동관계였다. 외적 로봇공학에서 인공적 감정과 공감을 모델화할 접근법을 찾을 수 있었던 것은 바로 이런 상호작용론적 시각에서였다. 더불어 브레이튼버그가 수레 실험[142]을 통해 시도했던 인공적 방법에서도 감정 모델화의 단초를 발견할 수 있다. 왜냐하면 외적 로봇공학도 관찰자들의 감정을 유발하기 위해 매우 단순한 형태의 인지 구조물을 사용하기 때문이다. 그러나 브레이튼버그의 인공적 심리분석과 비교해 외적 로봇공학은 비슷하지만 본질적으로 다른 특징을 지닌다. 그것은 먼저 단순한 사고실험에 그치지 않는다는 것이고, 또 하나는 이 방법이 인공 시스템의 외부 관찰자뿐 아니라 인간 파트너로에게도 실질적인 감정이 솟아나게 해준다는 점이다. 바로 여기에 외적 로봇공학의 관점이 집약되어 있다. 즉 누군가 로봇의 감정표현을 관찰하거나 인지하는 순간 그는 곧바로 감정 프로세스에 편입되고 그것이 추동하는 감정 역동에 참여하게 된다는 것이다.

개인 내부 공간의 경계에서 대치하고 있다고 생각했던 감정의 내적/외적 측면은 외적 로봇공학과 내적 로봇공학 양쪽에서 끊임없이 경계를 허물고 있었다. 연구의 방향이 달랐음에도 내적 로봇공학과 외적 로봇공학은 감정 프로세스를 개별 행위자의 내부가 아닌 행위자와 환경의 관계, 더 정확하게는 인간과 인공행위자의 상호개체적 관계에 두는 데 의견을 같이하고 있었다.

따라서 내적인 접근과 외적인 접근을 조화시킨 상호작용론이 소셜 로봇공학에 등장한 것은 그리 놀라운 일이 아니다. 이들은 "로봇들을 정서적 회로$^{affective\ loop}$ 안에 포획"하는 것을 목표로 삼는다.[143] 그래서 정서가 형성되려면 로봇과 인간이라는 기본 요소 외에도 감정표현과 그에 대한 반응이라는 요소가 반드시 필요하다고 가정한다. 프로세스는 회로를 이뤄 양방향으로 작용한다. 여기서 가장 중요한 건 시스템이 "사용자를 (감정적으로) 자극하고 반응하게 만들어 점점 시스템에 깊이 참여하는"[144] 방식으로 단계적으로 작용한다는 것이다. 이렇게 되려면 로봇의 사회적 실재감이 반드시 필요하다. 즉 소셜 로봇은 "설득력 있을 뿐 아니라 지능적이고 개성적으로"[145] 감정을 표현할 줄 알아야 한다.

내적 로봇공학과 외적 로봇공학의 접점에 있는 상호적 접근은 감정의 내적/외적 측면을 결합한 로봇을 만드는 걸 목표로 한다. 이 방법론은 효과적으로 정서적 회로를 생성해내기 위해 두 가지 측면 모두 필요하다는 걸 인정한다. 그러기 위해선 로봇이 내적으론 감정의 구조물을, 외적으론 감정표현의 능력을 갖춰야 한다. 이때 내적 감정의 구조물이 얼마나 복잡해질지는 감정 모델이 된 프로세스의 특성과 그것이 자연적 프로세스와 얼마나 가까운지에 달렸다. 자연적 시스템처럼 로봇의 표현능력도 내적 구성물의 복잡성에 달려 있기 때문이다.

뒤에 나오는 로봇들은 상호작용론적 연구에 따라 만들어진 로봇의 몇 가지 예를 보여준다.

가장 먼저 바톡 주니어BARTHOC Jr. 같은 로봇을 들 수 있는데, 이 로봇은 앞에 소개한 브리질의 분류대로라면 '사회적 인터페이스' 로봇과 '사회적 수용' 로봇의 중간쯤에 있다고 볼 수 있다. 이 로봇은 사회성에 있어서는 다소 수동적이지만, 인간과의 친교에 강점을 지닌다. 인간 파트너의 감정을 관찰하여 모방할 수 있는 앙방향 인디페이스를 갖추고 있으며 이를 통해 단순화된 모델만으로도 인간의 사회성을 습득할 수 있다. 다음으로 키스메Kismet 같은 로봇을 들 수 있

〈상호작용론적 방법으로 만든 로봇 행위자들〉

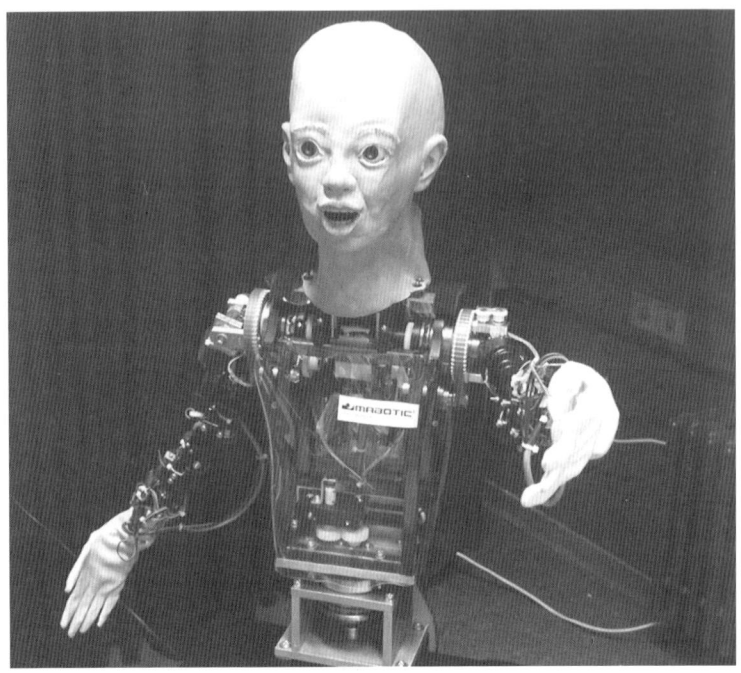

바톡 주니어^{BARTHOC Jr.}

- **모습**: 인간과 부분적으로 닮음
- **감정/공감 상호작용**:
    - 사용자의 언어를 분석하여 몇 가지 감정들(기쁨, 두려움, 평정상태 등)을 인식함.
    - 이런 감정들을 얼굴 표정으로 표현함.(미러링)
- **주요 쓰임**: 인간-로봇의 상호작용에 활용

메기^{Maggie}

- **모습**: 만화 캐릭터
- **감정/공감 상호작용**:
  - 상대가 행복감을 유지하도록 감정 컨트롤 시스템을 활용; 정보 지표의 변화를 감지; 안락감이 극에 오르거나 특정 감정상태(기쁨, 분노, 두려움, 슬픔 등)가 한계점에 올랐을 때를 감지하여 활동 시작; 로봇의 결정 시스템이 1) (다양한) 감정 동기와 욕구 2) 자기학습 3) 자신의 상태 등을 바탕으로 행동을 결정.
- **주요 쓰임**: 인간–로봇의 상호작용에 활용. 서비스(도우미)와 오락용.

세이지^{Sage}

- **모습**: 만화 캐릭터
- **감정/공감 상호작용**:
  - 자기감정(기쁨, 몰입, 피로감, 외로움, 실망감, 혼란 등)의 변화를 통해 '감정적 개성'을 표현하도록 제작된 인지구조물, 예정된 상황에 따라 점진적으로 감정 변화가 일어남.
  - 말의 내용뿐 아니라 음조, 음성, 성량, 말의 빠르기 등으로 자기 기분을 표현하며 상대방과 피드백을 함.
- **주요 쓰임**: 교육용(박물관 가이드)

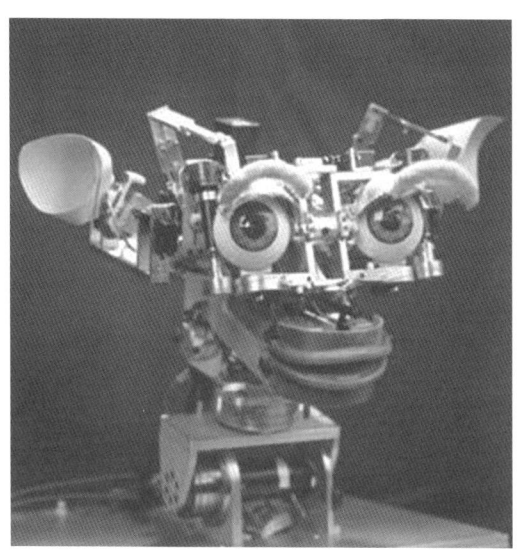

키스메 Kismet

- **모습**: 만화 캐릭터
- **감정/공감 상호작용**:
    - 정서와 공감작용: 감정인식 시스템, 감정 시스템, 동기부여 시스템, 표현 시스템이 로봇의 행동을 명령.
    - 지각, 동기부여, 행동을 위해 동물행동학 모델을 참고한 감정 시스템을 사용; 행동학의 지각, 동기부여, 행동 모델이 감정 시스템을 자극; 로봇의 '행복감'에 의미 있는 영향을 미치는 사건들이 감정을 촉발; 감정이 활성화되면 로봇은 자신의 행복감을 유지하고 반대되는 상황을 피할 수 있는 무언가와 접촉을 시도; 감정인식 시스템이 로봇의 얼굴표현에 영향을 줌; 인간 파트너가 이러한 로봇의 표정에서 감정 상태를 해석하고 거기에 맞게 행동하고 반응함.
    - 로봇의 얼굴이 분노, 피로, 두려움, 거북함, 흥분, 기쁨, 흥미, 슬픔, 놀라움 등을 표현할 수 있음.
- **주요 쓰임**: 인간과 로봇의 상호작용, 자폐아동 치료.

다. 브리질은 이 로봇을 '사교 로봇'이라 불렀다. 아직 우리가 원하는 지능로봇엔 이르지 못했지만 대화 상대를 최소한의 정서적 회로 안에 끌어들일 수 있다. 이를 통해 로봇은 브리질이 말하는 소위 '내적 주관적 목표'에 이를 수 있다. 다시 말해 인간 파트너와의 사이에서 생성된 최소한의 정서적 회로가 로봇에게 현재 처한 관계에 딱 맞는 사회지식social knowledge과 감정지능emontional intelligence에 기초한 감정 상태를 만들어 준다.

연구의 목적은 안정적이고 효과적으로 정서적 회로를 형성할 수 있는 방식을 로봇들에게 제공하는 것이다. 이를 위해 진행되고 있는 연구 중 하나가 인공행위자에게 '자기 진술' 능력을 심어 줌으로써 "자신만의 스토리텔링"을 갖게 해주는 것이다. 한마디로 로봇에게 일인칭의 기억을 갖게 하여 개인 경험을 이야기로 들려줄 수 있게 만드는 것이다. 이렇게 되면 로봇은 우리의 바람대로 더 확고하고 신뢰할 만한, 인간에 버금가는 사회적 실재감을 가지게 될 것이다.

상호작용론적 연구의 목표는 인간의 진짜 감정과 로봇의 가짜 감정이란 이분법의 벽을 허무는 것이다. 비록 이런 감정의 내적 모델들이 인간이나 동물만큼의 생체적 '밀도'를 가지지 못하더라도 자신의 내적 사건들까지도 표현하고 드러낼 수 있다면 로봇의 감정을 더 이상 '거짓'이나 '속임수'라 말하지 못할 것이다. 실제로 없는 감정을 로봇이 가지고 있다고 믿도록 하자는 것이 아니다. 인간이 그렇듯 로봇의 감정표현도 내적 역동 과정에서 나오는 것이기에, 그들의 감정 표현 또한 시간이 지나면서 점점 진심이 되고 진실이 될 것이기 때문이다.

여기서 주목할 것은 로봇에게 진짜 감정을 심어주려는 시도가 상호작용적 방법과 기존 감정 개념 사이에 기대치 못했던 화해 효과를 가져다줄 수 있다는 점이다. 하지만 감정의 상호작용은 실제로 감정 외부에서 일어나야 하는데 정서적 회로 개념에서는 내적 상태에 머문다. 감정의 진실 여부를 말해주는 것은 여전히 로봇의 '내적 상태들'인 것이다.

물론 이런 상태들을 구상해 볼 수는 있지만 이를 결코 직접 경험할 수는 없다. 그것이 타인의 감정이라면 더더욱 그렇다. 우리는 그들이 거기에 있으며 존재한다는 것을 아는 것에 만족할 뿐이다.

감정의 상호작용에서 감정에 관한 진실은 여전히 미지의 영역에 속해 있다. 아직도 고전적 패러다임이 우리를 지배하고 있는 것이다.

제4장

또 하나의 가정

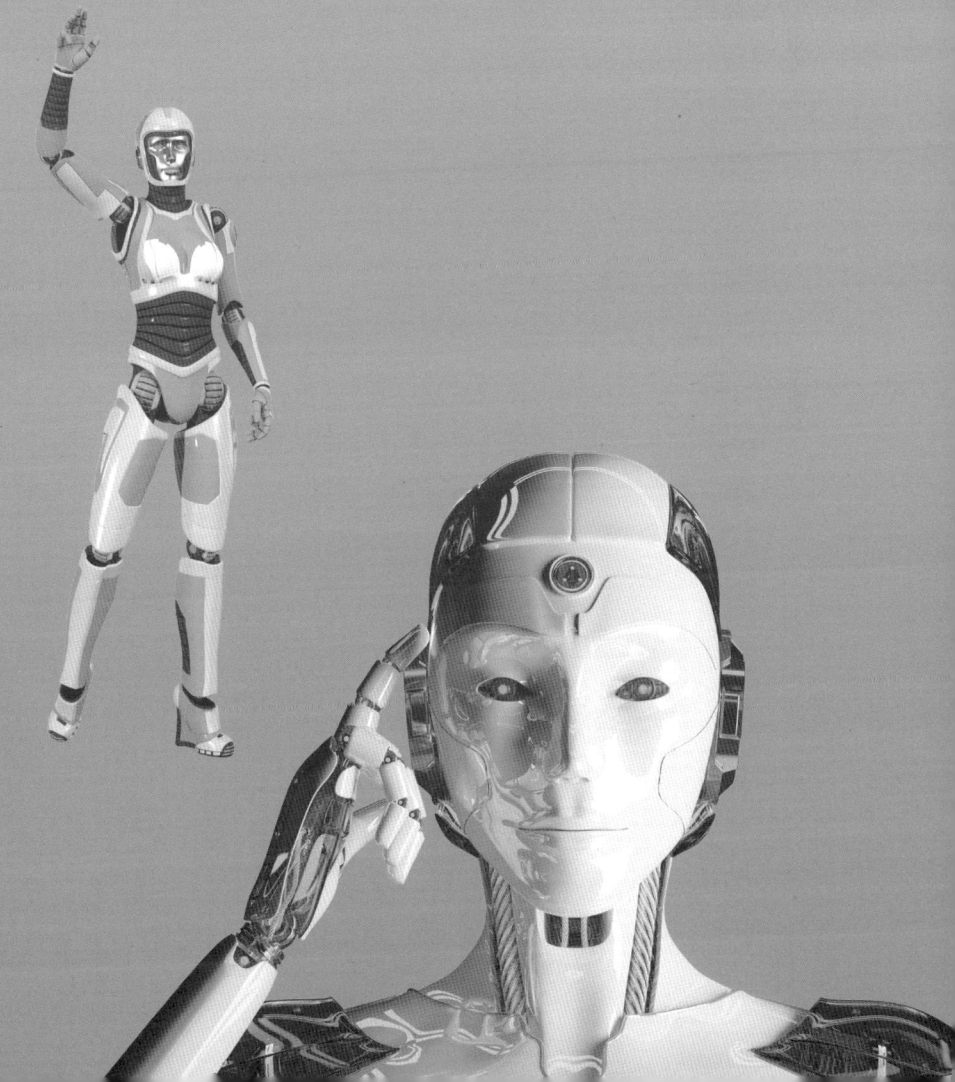

바츨라빅Watzlawick이 "인간은 소통하지 않을 수 없다."라고 말했듯 인간-로봇의 상호작용에서도 인간은 감정적이지 않을 수 없다.

– 프랑크 헤겔Frank Hegel

정서적 회로와 인간-로봇 공조 메커니즘

이른바 감정의 내적/외적 측면을 구분하는 일의 모호함은 상호적 접근방식을 탄생시켰다. 그리고 감정을 개인의 내적 사건으로만 보는 시각은 역설적이게도 다른 방법으로 정서의 측면에 접근하려는 시도를 불러왔다. 로봇공학의 발전과 함께 직면한 이런 어려움은 감정을 내적 사건으로 보고 그 표현이 부차적이고 우발적으로만 나타난다는 고전적 개념과 다른 견해를 요구하게 되었다.

사실 이런 대안적 전망은 과학과 철학 분야의 주류는 아니었지만 오랜 역사와 함께 이어져 온 생각이었다. 정념에 대한 홉스Hobbes의 분석도 그중 하나로 볼 수 있으며 최근 체화이론을 비롯하여 거울신경세포neuron miroir와 거울 메커니즘mecanisme miror146 등에 관한 연구에서도 이런 흐름을 볼 수 있다.147

이 새로운 관점은 감정 프로세스의 상호적 특성에 중점을 두면서 감정표현을 종種 내부의 협조를 이끌어내기 위한 핵심 기제로 본다. 즉 감정을 종 내부의 협력활동을 위한 주요 계기로 보는 것이다. 이들의 주된 생각은 이렇다. 감정표현은 행위자들이 서로의 감정 상태를 확인하고 어떤 행동을 보일지 조율하는 상호주관적 역동과정intersubjective dynamic이다. 모든 인간은 태어날 때부터 이런 역동에 참여하게 되어 있다. 그리고 모든 개인의 인지조직에 작용하여 개인 대 개인, 개인 대 집단은 물론 개인 대 환경의 관계에 영향을 미친다. 특히 이런 감정의 역동과정은 인간 사회의 형태까지 결정한다. 정서적 공조 이론에 따르면, 넓은 의미에서 감정은 인간 사회성의 원초적, 생물학적 근거지이며 사회학이나 인류학이 탐구해온 사회관계를 추동하고 지배하는 영역이다.148 이런 원초적 사회성은 인간들이 문화, 의례, 사회 등의 규범에 따라 행동하도록 만드는 계기일 뿐 아니라, 이런 규범에서 끊임없이 탈출을 시도하게 만드는 계기이기도 하다.

정서적 공조 이론은 우리가 타인의 감정을 어떻게 알 수 있는지에 대해 기존 인지과학의 컴퓨터적 접근방법이나 오늘날 로봇공학이 채택하고 있는 체화된 마음의 온건 버전과 전혀 다른 입장을 보인다. 고전적 관점은 데카르트가 타인의 마음을 이해했던 것처럼 타인의 감정은 추론이나 유추를 통해 간접적으로밖에 알 수 없다는 생각을 가지고 있다. 결국 우리가 타인의 감정을 인식할 수 있느냐가 다시금 중요한 문제가 되는 것이다. 반면 감정공조 가설은 타인의 감정에 대한 이해가 표현행동을 분석하거나 시뮬레이션해서 얻어진다는 생각은 물론 이런 이해가 인지를 통해 이루어진다는 생각도 거부한다.

타인의 감정을 이해하는 능력에 대한 연구는 (폴 에크만P. Ekman[149]이나 캐롤 이자드C. Izard[150]의 연구에서 보듯) 특정 감정을 이해할 때 하나의 정답밖에 없는가라는 질문으로 수렴된다. 왜냐하면 우리가 타인의 감정을 정확히 이해하고 있는가 하는 질문에 하나의 정답만을 인정하기 때문이다. 이 경우 타인의 감정표현을 이해하려면 그가 화가 났는지, 두려워하는지, 즐거워하는지 또는 거북해하는지 등을 판단해야만 한다. 때문에 이 물음에는 하나의 정답밖에 없는 것이다. 화가 났으면 화가 났다고, 무서우면 무섭다고, 즐거우면 즐겁다고 말해야 하며 그 밖의 대답은 착각이거나 거짓이거나 인지 실패가 된다. 하지만 정서공조를 중심에 놓고 보면 양상은 달라진다. 나는 다른 사람의 분노에 두려움이나 수치심, 분노 또는 웃음으로 답할 수 있다. 이런 대답이나 반응 중 어느 것도 잘못은 아니다. 어떻게 응답해도 두 행위자 사이에 행동의 조율이 이루어질 수 있다. 당신이 화를 낼 때 내가 수치스러워 해도 그건 잘못이 아니며 이는 어떤 합의에 이르기 위한 공조 전략일 뿐이다.[151] 인정하기 위해서는 먼저 인지해야 한다. 즉, 주어진 사태를 있는 그대로 보아야 한다. 반응^{reaction}이란 상대방이 한 행동의 의미와 결과를 변환해 되돌려주거나 답해주는 행위이다. 상대방의 앞선 행동에 맞춤한 행동만이 제대로 된 반응은 아니며 상대방의 감정상태에 맞춤한 답을 찾으려 할 필요도 없다.

최근 신경생리학에서 발견한 거울신경세포나 거울시스템이나 이에 대한 후속 연구는 감정이 어떻게 양방향작용으로 작용하는지를 완전히 설명해 주진 못해도 좋은 힌트를 제공해 준다. 이들이 발견한 것은 행위자와 관찰자가 상호작용하는 동안 거울 메커니즘을 통한 신경세포의 공활성화^{coactivation}가 이루어진다는 사실이다. 피관찰자가 어떤 행위를 하거나 감정을 표출할 때 활성화되는 것과 똑같은 신경세포의 활성화가 관찰자에게도 발견되는 것이다. 비토리오 갈레세Vittorio Gallese는 관찰자에게 나타나는 거울 현상을 타자의 감정에 접근하려는 체화 메커니즘의 일종으로 보았다. 거울 메커니즘으로 타인의 감정을 탐구하고 이해하는 과정에 갈레세는 '조율^{attunement}'이라는 단어를 사용했다. 관찰자는 이런 조율을 통해 개체 하부적 수준의 신경세포 기반을 공유하고 피관찰자의 감정에 동참한다. 갈레세는 이런 '체화된' 감정의 공유를 가장 기본적인 공감의 표현형으로 보았으며 신경세포의 공활성화를 통해 감각운동 중인 둘 또는 여러 행위자들 사이에 이루어지는 개인 간의 역동적 결속 과정으로 규정했다. 갈레세의 가정에 따르면, 거울 메커니즘으로 이루어지는 공활성화 과정은 순간적으로 나와 타인의 경계를 무너뜨리고 다시 감각 피드백이 이루어질 때까지 누가 감정표현의 행위자이고 관찰자인지를 잊게 만든다. 공활성화가 순간적으로 개인내부 공간$^{interindividual\ space}$과 개인상호 공간$^{interindividual\ space}$을 하나로 만드는 것이다.[152]

이렇게 볼 때 우리의 감정이나 공감은 개인의 산물이 아니요 개인이 혼자 이루어낼 수 있는 것도 아니다. 감정이나 공감은 둘 또는 여러 사람이 참여하는 공동과업이다. 감정과 정서는 신체에 의존하지만, 이때의 신체는 개인의 신체기관에 한정되지 않는다. 다시 말해 감정은 '사회적 신체$^{social\ body}$'를 통해 체화된다. 이 지점에서 인지 프로세스와 감정의 생체조절 기능을 연결하려는 내적 로봇공학의 유기체 체화론과 외적 로봇공학의 개인상호적 체화론이 만나게 된다. 앞서 정서적 회로에 대한 설명에서 보았듯이, 정서공조적 접근에 따르면 감정의 내적/외적 차원은 단순히 외접하지 않는다. 둘은 실제로 결합하고 뒤섞이는데, 이는 한 행위자의 외적 감정표현이 다른 행위자의 내적 반응의 직접 원인이 되기 때문이다.[153]

감정표현은 행위자들이 상호 영향을 주고받는 직접적인 수단이다. 비록 개체 하부의 무의식 수준에 머물며 나와 타인의 경계를 일시적으로 지워버리더라도, 그것이 소통하는 행위자들의 정체성까지 지워버리진 않는다. 오히려 정서적 공조로 행위자의 정체성은 끊임없이 재형성되고 강화되며 재정의된다. 이런 영향은 한쪽의 감정표현과 다른 쪽의 신경세포반응 사이에 다른 매개가 필요치 않는다는 점에서 직접적이다. 반응은 감정표현에 대한 지각만으로도 충분하다. 행위자가 상대의 개인적이고 내적인 감정 상태에 접근하기 위해 필요하다고 여겨지던 계산이나 논리는 이제 필요치 않다. 감정공조를 통해 서로

주고받는 영향은 내 감정표현에 상대가 즉시 다른 표현으로 반응하고 그 반응이 나의 뇌에 다시 새로운 신경 상태를 생성한다는 점에서 상호적이다. 감정공조는 이렇게 행위자들의 정서 표현과 행위 의도를 결정짓는 감정의 공유(진정한 의미의 정서적 회로)로 이어진다.

외적 감정의 로봇공학이 인공행위자들에게서 실현하려는 것이 바로 이런 직접적인 정서 효과이고 소셜 로봇의 성공 여부도 여기에 달렸다. 이렇게 인간은 태어나면서부터 상호적으로 감정을 결정하는 상호주관적 역동과정에 참여하도록 되어있다. 비록 소셜 로봇은 인간의 감정경험에 직접 접근할 수 있는 거울 메커니즘을 가지고 있지 못하지만 이런 역동과정에 참여할 수 있는 수준에는 도달해 있다. 이제는 소셜 로봇도 반려동물과 비슷한 방식으로 인간과의 정서적 상호작용에서 자기 위치를 찾을 수 있을 것이다. 하지만 로봇에게는 반려동물들은 겪지 않을 어려움들이 가로놓여있다. 이들의 한계는 인간 파트너의 감정표현에 적절한 정서적 반응을 하지 못한다는 데에 있다. 로봇의 정서적 반응이 자연스럽지 못하다기보다는 상대의 감정에 공조적 반응을 보일 능력이 없는 것이다.

인공의 감정이나 공감을 이끌어내는 일이 인간이나 동물에 가까운 자연스런 심리 모델을 만들어내는 일과는 상관 없을 수도 있다. 그보다는 인간과 관계를 맺는 과정에서 로봇이 상호간의 감정공조에 꼭 필요한 현상학적 측면을 얼마나 잘 재현해낼 수 있느냐가 중요하다. 즉 감정을 주고받는 상호작용의 프로세스 안으로 로봇이 인간 파트너를 얼마나 잘 끌어들이고 유지하느냐가 관건인 것이다. 만약 로봇이 자기 몫의 역동과정을 무리 없이 수행할 수 있을 수준에 이른다면 인간-로봇의 사회적 공진화 또한 가능해질 것이다.

이런 과정에서 제기되는 도덕적(혹은 정치적) 문제들은 로봇의 감정이 진짜인지 여부와 아무 상관이 없다. 감정과 공감 능력을 지닌 로봇과 함께 사는 것은 반려동물이나 아이들 또는 인형과 사는 것과 다를 바가 없다. 로봇과의 관계 자체가 인공적인 것은 아니며, 불편하거나 혼란스럽다 해도 그것이 가짜라곤 말할 수는 없다. 관계가 좋든 말든 우리는 강아지나 테디베어 인형이 우릴 속이고 있다고 의심하지 않는다. 또, 고양이에게 자기 전 재산을 물려준 부자가 고양이의 교활한 속임수에 넘어갔다고 말하지도 않는다. 물론 인공지능 로봇은 우릴 속일 수 있지만 곰 인형이나 동물은 그렇지 않다고 말할 수도 있다. 동물들이 우리를 속일 수 있는지는 아직 확실히 알 수 없지만 인공지능 행위자들이 우릴 속일 수 있다 할지라도 이는 감정을 지녔는지 여부와는 상관이 없다.[154] 다만 로봇이 상대에게 잘못된 정보를 줌으로써 실수를 유발할 수 있으며 그렇게 프로그래밍하는 건 어렵지 않다.

감정의 진실성이나 진정성을 얘기할 때 우리는 내적 감정, 더 구체적으로는 의도의 윤리성에 초점을 맞추어 왔다. 의도의 진실성이 감정의 진실성이나 순수성의 척도가 된 것이다.[155] 하지만 소셜 로봇공학에서는 이런 가정이 아무 의미도 갖지 못한다. 로봇은 아무것도 느끼지 못하기 때문이다. 문제는 로봇이 순수한 의도를 가졌는가가 아니라 의도 자체를 가지지 않는다는 점이다. 이런 문제에 대응하기 위해 내적 로봇공학은 소위 '내적 느낌'이나 그에 수반되는 메커니즘을 인공행위자에게 부여하려 했다. 인간이 지닌 생체적 특성을 모델링하여 로봇을 '거짓된' 삶으로부터 구해주려 했던 것이다. 반면 정서공조에 입각한 연구는 자연적이든 인공적이든 감정이 둘이나 그 이상의 행위자들이 참여할 때에만 가능하다는 걸 인정한다. 결과적으로 윤리적 차원은 내적이냐 외적이냐의 문제가 아니라 참여 행위자들의 행동을 구성하고 유지하고 변화시키는 역동과정에 있는 것이다.

본질적 체화와 감정을 지닌 소셜 로봇의 미래

정서적 관계의 본질에 대해 다시 생각하고 감정과 공감의 역동적 과정을 분석하려는 새로운 시도는 심리철학과 인지과학에서 '본질적 체화'라는 반가운 파트너를 만나게 된다. 본질적 체화 이론은 그 주장에서 마음의 체화 이론과 전혀 다르다. 인지업무를 수행하기 위해 확장된 마음이 의존하는 외적 관계 속에 이미 사회적 요소와 상호주관적 요소가 포함되어있다고 보는 건 같다.[156] 하지만 본질적 체화 이론은 확장된 마음의 가설을 부정한다. 본질적 체화 이론은 마음의 범위에 대해 보다 혁신적인 정의를 도입하고 인식 논쟁에서 지금까지 공간 속에 갇혀있던 마음을 해방시키려고 한다.[157]

본질적 체화 이론 중에서도 특히 프란시스코 바렐라가 전개한 발제發製enaction 버전[158]은 인지과학을 주도해 온 전통적 이론은 물론 마음을 뇌 안에 있는 것으로 보고 그것이 때로 개인 내부공간의 바깥으로까지 확장된다고 얘기하는 체화된 마음의 온건 버전과도 거리를 둔다. 이들에 따르면 마음은 행위자의 신경 시스템을 통해 몸과 환경을 연결하고 그럼으로써 환경적 맥락 등에 대한 인식을 갖도록 해주는 복잡하고 역동적인 조정 과정에서 생겨난다. 따라서 본질적 체화 이론에서 마음은 데카르트가 말하는 연장성을 지닌$^{res\ extensa}$[159] 공간적 실체가 아니다. 그것은 연장성을 지니지 않은 비물질과 연장성을 지닌 물질의 이분법으로 환원되지 않는 역동성의 결합이다. 마음은 행위자의 신경 시스템과 몸, 환경을 연결하는 상호작용의 과정에서 생겨나기에 내부와 외부, 생체기관과 환경 등의 공간적 한계를 초월한다. 바꿔 말하면 마음은 공진화 프로세스에서 나오며, 그 중첩된 구조로 인해 '마음은 세계 안에, 세계는 마음 안에' 위치할 수밖에 없다.[160]

본질적 체화 이론은 '순수 영혼'처럼 기능적 호환성만 있으면 다른 물체들을 통해서도 똑같이 '실현될 수 있다'는, 컴퓨터론과 전혀 다른 입장을 취한다. 순수 영혼이라는 생각이 얼마나 비현실적인지는 뇌로부터 신체, 환경, 다른 행위자들을 분리하고 모든 인지 프로세스가 컴퓨터 종료음과 함께 멈춰 버렸을 때를 상상해 보면 알 수 있다. 인지현상을 모델화하고 개발하는 일은 불가능해졌다. 뇌, 신체, 환경 그리고 다른 행위자들이 불가분의 관계에 있다는 생각에 입각한 인공 모델들이 본질적 체화의 방법론적 유용성을 잘 보여준다. 순수 가설로서만 의미가 있는 순수 정신과 달리 인공행위자들은 이제 상대의 마음을 끊임없이 재규정하고 변화시키는 순환 시스템recursive system으로서 설계되고 제작될 것이다.[161]

본질적 체화 이론은 현대미술관에 가기 위해 왜 오토가 택시를 잡아타고 기사에게 목적지를 말해야 했는지를 잘 설명해 준다. 마음은 개인의 소유물도 개인 행위자의 단독적 특성도 아니다. 그것은 여러 행위자들의 참여로 이루어지는 역동적 프로세스이다. 이 논리를 로봇의 감정과 공감 모델에 확장시키면 로봇공학 연구에 매우 의미 있는 계기가 만들어질 것이다. 거울 메커니즘 이론이나 발제 모델과 관련하여 최근 진행되고 있는 감정 프로세스의 연구는 단순히 감정 생산과 감정 표현을 연결하는 것 이상의 전망을 제시한다. 관계적 접근은 감정의 생산을 표현과 분리하려던 오랜 전통에서 벗어나 감정 프로세스로 행위자들을 묶어주는 복잡한 네트워크를 복원하고 감정의 생산과 표현의 상호의존성을 보여줄 것이다. 이를 통해 우리는 감정과 공감을 이해하고 분석하기 위해 사용했던 내부/외부, 사적/공적, 개인적/사회적 그리고 무엇보다 진실/거짓이라는 이분법을 뛰어넘을 수 있을 것이다.

전통적 접근법에 따르면 감정 역동affective dynamic은 개인 내부에서 생겨나 때로는 외적, 공적으로 발현되는 프로세스의 결과물이다. 이렇게 표현된 감정은 다른 행위자들에 의해 사후적으로 분석되고 다시 같은 형태의 프로세스를 생성하는 계기로 작용한다. 이에 비해 정서공조의 접근법은 감정을 행위자 자신을 함께 변화시킴으로써 생성되는 역동적 프로세스로 본다. 이들은 정서적, 인지적으로는 물론 생리적으로도("그를 보니 화가 나서 소화가 안 돼!") 다양하게 상호작용한다. 감정의 생성과 표현은 감정공조의 역동이 서로 교환되고 덧붙여지는 과정에서 일어난다. 감정의 생성과 표현이 분리될 수 없는 이유는 누군가의 감정 표현이 다른 누군가의 감정을 생성하는 원인이 되기 때문이다.

앞서 보았듯이 이런 시각은 소셜 로봇공학의 감정 연구에서 중요한 자리를 차지했던 진짜/거짓 감정의 대립을 해체한다. 또한 로봇의 감정표현이 인간이나 동물처럼 내적 감정 프로세스와 일치해야만 진짜이고 진심이라는 생각이 얼마나 부질없는지 잘 보여준다. 이런 관계적 시각은 소셜 로봇의 연구에 하나의 도약점이 되어 새로운 시각과 패러다임의 변화를 요구한다. 이런 변화 중 하나가 앞에서 본, 감정의 내적/외적 경계를 무너뜨리는 것이다.

관계적 시각은 로봇에게 '감정'과 '공감'을 만들어내는 것이 곧 로봇에 '감정공조 메커니즘'을 갖춰주는 것이라는 인공적 방법론을 지지한다. 무엇보다 이들은 로봇을 만들 때 개체적 특성이라 여겨지는 인간 또는 동물의 감정을 인공적으로 재생하려는 시도가 부질없는 짓이라고 주장한다. 대신 감정공조의 상호주관적 역동관계를 연구의 중심에 두고 감정의 소통에 중점을 둔 로봇을 만들 것을 제안한다. 이런 메커니즘과 여기서 생성되는 감정과 공감의 프로세스는 행위자들이 빚어내는 종적 상호관계의 특성과도 깊은 연관성이 있다.

이런 점에서 우리는 내부에서 외부로 표출되는 컴퓨터적이고 생체적인 프로세스보다 인간과 로봇이 행동을 교환하고 조율하는 역동적 변환과정으로서의 감정과 공감을 만드는 것이 필요하다고 본다. 이제 소셜 로봇공학은 공개적으로 분명하게 이런 목표를 밝힐 때가 되었다.

그렇다면 진짜 감정관계를 나눌 수 있는 인공행위자를 만들어낼 수 있는 가장 바람직한 구조와 플랫폼은 무엇일까? 인간과 로봇의 공진화 과정을 통해 우리는 이를 깨닫게 될 것이다. 지금까지 개발된 로봇들은 인간과 로봇이 앞으로 어떤 방식으로 공존할지를 예측케 해준다. 로봇과 인간의 공존은 아직 기초 단계에밖에 이르지 못했다. 지금부터는 잘 알려진 소셜 로봇인 제미노이드, 파로, 카스파의 예를 들어 인간-로봇의 감정 역동을 구현하는 과정에서 부딪히는 어려움과 한계를 간략하게나마 이야기해 보겠다.

제미노이드, 사회적 실재감 또는 원격행동

오사카대학의 이시구로 히로시 교수가 만든 안드로이드 로봇 제미노이드^{Geminoid}는 제작자와 매우 비슷하게 생겼다. 바꿔 말하면 제미노이드는 이구시로 교수의 복제품이다. 그렇다고 제미노이드를 스스로 움직이는 자율형 로봇이라곤 보기 힘들다. 왜냐하면 이 로봇 쌍둥이(제미노이드의 라틴어 어원인 게물루스^{gemullus}는 쌍둥이를 뜻한다)는 학자로서의 소양은커녕 평범한 인간에도 훨씬 못 미치는 재능을 가지고 있기 때문이다. 제미노이드는 사실상 인형에 가까워서, 조종실에서 통제하는 수많은 케이블에 연결되어 의자에 고정된 채 압축공기 시스템으로 꼭두각시처럼 움직인다. 신체 중 움직일 수 있는 부분은 머리와 눈, 입술, 얼굴 근육뿐이다. 이 로봇의 가장 큰 특징은 보고 말할 수 있다는 것이다. 더불어 남이 하는 말을 알아들으며 일상적인 대화도 나눌 수도 있다. 물론 이를 혼자서 자율적으로 하지는 못한다.

제미노이드는 조종자가 보고 들으면서 컴퓨터로 원격조종한다. 상대방에게 응답하는 것도 물론 조종사의 몫이다. 로봇은 조종사를 대신해 말을 전달하고 얼굴표정과 입술의 움직임을 표현한다. 고전적 개념으로 볼 때 조종사는 로봇의 외부에서 스며들어 그의 몸을 움직이는 영혼에 해당한다. 예컨대 이시구로 교수는 이 장치를 통해 모스크바를 여행하면서 동시에 교토에 있는 ATR연구소[162] 회의에 참석할 수 있다. 이시구로 교수는 제미노이드 덕분에 자신이 부재하는 장소에서 활동하고 사람을 만날 수 있다. 특별한 수단을 이용해 두 개의 다른 장소에서 물리적으로 동시에 존재하는 것이다. 하지만 이시구로 교수의 기계적 신체는 사실 조종실 의자에 앉아 있으며 때에 따라 누구든(남자든, 여자든, 학생이든, 전문 연구자든) 그 자리를 차지할 수 있다. 삼차원 원격회의를 진행할 수 있다는 점 외에 제미노이드는 '불쾌한 골짜기'의 비밀을 탐색할 수 있는 기회도 제공해 준다. 자신을 만든 사람과 매우 흡사한 신체를 지니고 어느 인간 못지않은 지적능력과 사회적 소통능력을 갖춘 원격조종로봇 제미노이드는 앞으로 로봇과 인간의 관계에서 발생할 수 있는 문제들을 미리 생각하게 해준다.

자방 파레 Zaven Paré와 일로나 스토로브 Ilona Straub는 3주에 걸쳐 자리를 바꿔가며 제미노이드를 상대로 한 소통 실험을 했다.[163] 한 사람이 로봇 앞에서 대화하면 다른 사람은 조종실에서 로봇을 조종하고 다시 조종자와 대화상대의 역할을 바꾸는 식의 실험이었다. 이 실험은 '원격행위'에 대해 더 깊이 생각하게 해주었다. 원격행위의 의미는 단순히 자신이 부재하는 곳에서 로봇이 대신 행동하도록 하는 데에 있지 않다. 원격으로 움직이는 제미노이드는 앞에서 본, 둘 또는 여럿이 참여하고 개체 하부 차원에서 이루어지는 정서적 공조 행위를 하고 있었던 것이다.

먼저 이 실험이 벌어진 3주 내내 제미노이드가 제멋대로 행동했다는 사실을 말해두려 한다. 버그, 충돌, 기술적 문제, 컨트롤 오류는 물론 잘못 더빙된 영화처럼 말과 입모양의 불일치 등, 제미노이드는 자신이 할 수 있는 얼마 안 되는 일조차 제대로 수행하지 못했다. 조종자와 파트너 사이에서 기계는 줄곧 오작동했지만 그럼에도 행위자의 존재 효과(로봇의 사회적 실재감)는 유효했다. 실재감은 앞에 있다는 사실만으로 상대방에게 영향을 주는 일종의 '행위'라 볼 수 있다. 제미노이드와 대화를 나누는 실험자들은 누구든 타인의 존재와 마주하고 있다는 느낌을 받을 수밖에 없다. 실제로는 아무 행위도 하지 않았는데도 거기 있다는 이유만으로 상대에게 무언가 행하는 효과를 준다는 점에서 '원격작용'과 같다고 말할 수 있다.

제미노이드 같은 로봇이 앞에 있다는 것을 아는 것과 그것을 느끼는 것은 다른 일이다. 나를 바라보는 로봇은 나에게 뭔가 하고 있다. 응시의 대상이 된 나는 그의 시선을 느낀다. 지금 그는 나에게 뭔가를 행하고 있는 것이다. 이렇게 아무 움직임 없이도 뭔가를 함으로써 로봇은 내게 작용한다. 그것은 나를 불안하게 할 수도, 안심시킬 수도, 걱정시킬 수도 있다.[164] 물론 로봇은 실제로는 아무 짓도 하지 않았다. 하지만 내가 불안해하는 건 로봇이 날 바라보고 있다는 걸 알고 있기 때문이다. 따라서 여기에 원격작용 같은 건 없다. 다만 타자의 시선의 대상이나 표적이 되었다는 자각과 이 상황이 줄 결과에 대한 (아마도 생득적인) 인식이 있을 뿐이다.

소셜 로봇을 상대해본 사람은 로봇이 일반적인 의미의 '바라보는' 행위를 하지 않는다는 걸 잘 알 수 있다. 로봇은 우리에게 관심을 주지 않으며 대부분의 시간은 아무것도 보고 있지 않다. 그럼에도 타자의 행위 대상이 되었다는 느낌은 사라지지 않는다. 실제로 바라보고 있는 것이 조종실 안의 누군가라는 걸 나는 잘 알고 있다. 허지민 이보다 중요한 건 두 실험자 사이에 작용하는 제미노이드의 실재감이다. 로봇이 조종사의 손길에서 벗어나 있을 때에도 제미노이드는 자기 실재감을 드러내며 어떤 면에서는 더 강력히 이를 주장한다.

물론 이런 느낌은 착각일 뿐이라고 항변할 수 있다. 로봇공학자들은 몇 가지 제스처 연구를 통해 우리 인간이 타자의 시선을 의식하는 쪽으로 진화해 왔다는 사실을 발견했다. 이렇게 진화한 까닭은 다른 생명체에 의해 관찰당할 때 매우 위험하거나 중대한 상황(우리를 노리는 포식자나 성적 파트너에 의해 관찰당하는)에 치했을 경우가 낳기 때문이다.

그것이 착각이라는 걸 알고 있다 해서 우리가 이런 느낌에서 벗어날 수는 없다. 이는 앎의 문제라기보다 반사운동에(누군가 나를 보고 있다는 사실을 내가 알고 싶지 않아도 알 수밖에 없는) 가깝기 때문이다. 만약 이게 사실이라면 타자의 시선과 나의 반응 사이엔 어떤 매개가 (예를 들어 마음속의 재현 같은) 필요치 않다. 설사 우리가 타인의 시선을 감지하는 재현 모듈 같은 걸 가지고 있다 하더라도 나는 이 모듈(심리철학에서 말하는 모듈 가설에 따르면)을 전혀 인지하지 못한다. 나는 오직 타자가 한 행위의 결과에만 접근할 수 있으며, 이런 의미에서 결과는 그에 의해 조종되고 있다. 나에게 작용하고 있는 것은 로봇의 시선 자체이다. 로봇은 모듈 효과를 통해 내게서 본능적 반응을 이끌어내며 사회적 실재감을 형성한다. 마치 무릎을 두드리는 의사의 나무망치처럼 로봇은 어디에 있든 내게 직접 작용하는 것이다.

현대인들에겐 원격작용이란 것이 낯설 수도 있다. 이는 전통적으로 마법과 비슷한 것으로 여겨졌고 데카르트 이후의 근대 과학은 이를 부정해 왔다. 하지만 거울 신경세포의 발견으로 두 행위자들 사이에 어떻게 원격작용이 가능한지를 설명하는 것이 가능해졌다. 로봇공학은 이런 현상의 신비를 벗겨주었고 이를 보다 친숙한 것으로 만들어주었다. 제미노이드 실험은 여기에 어떤 마술도 작용하지 않는다는 사실을 보여준다. 원격작용은 인간들에게 자주 나타나는 숭고함의 감정이나 의인화의 투영 같은 것이 아니다. 타자의 실재감은 기계로도 구현되며 우리는 이런 현상을 재현하고 분석할 수 있다. 파레와 스트로브의 실험은 우리를 혼란스럽게 만들었던 문제들에 한 줄기 빛을 던져주었다. 로봇이 아무 행위 없이도 거기 있다는 사실만으로도 발휘할 수 있는 원격효과는 역설적으로 말하면 "행위도 행위자도 없는 행위작용"이라 할 수 있다. 일상의 언어론 설명이 힘들지만 우리는 나름대로 이에 알맞은 학술용어를 가지고 있다. 이것이 정말 행위도 행위자도 없는 행위작용이라면 이는 나와 타자의 경계가 불분명한 '개체 하부 영역'에서 이 작용이 일어나기 때문이다. 어쨌든 그것이 실재함으로써 수동적으로라도 내가 뭔가를 경험했다면 로봇은 나에게 뭔가를 한 것이다.

로봇의 원격작용은 개체 하부적 차원에서 단순한 실재만으로 미칠 수 있는 효과에 대해 말해준다. 이런 작용은 효과를 불러일으킨 행위를 누군가의 탓으로 돌릴 수 없거나 행위의 주체를 찾을 수 없을 때 일어난다. 우리가 만든 로봇은 마법의 힘으로 움직이는 것이 아니다. 우리는 로봇의 행위가 어떻게 일어니는지 알지 못하며 그들이 하는 행위가 우리에게 어떤 효과를 미칠지도 정확히 예측할 수 없다. 우리에게 작용하는 걱정, 불편함, 친근감, 거리감 등의 진원지를 정확히 알 수는 없지만 어쨌든 이런 느낌이 작용하고 있다는 것만은 분명하다. 이런 질문에 답하기 위해 불안의 골짜기를 탐사하는 것이 바로 이시구로가 만든 로봇의 임무였다.

로봇으로서 제미노이드의 가장 큰 결함은 일단 조종자의 손길을 벗어나면 타인에게 실재감을 줄 만큼 반응하지 못한다는 점이다. 이유는 두 가지로 볼 수 있다. 하나는 소통 인터페이스로서의 제미노이드가 스스로를 지우고 조종사의 부재를 대신하기 때문에 조종사의 배경으로밖에 실재하지 못한다는 점이다. 또 하나는 조종사가 상대의 실재를 스크린 속의 이미지로밖에 느낄 수 없다는 점이다. 로봇이 상대하는 파트너와 달리 조종사는 타자의 사회적 실재감을 물리적으로 경험할 수 없기 때문에 둘 사이에 정서적 회로가 형성되기 힘든 것이다.

파로와 유사 로봇들

제작자인 시바다 다카노리가 "심리 조력 로봇mental assist robot"이라 이름 붙인 파로는 인간들과 육체적으로 상호작용할 수 있도록 고안되었다. 파로는 주로 병원이나 양로원 등에서 치료 목적으로 이용되는 동물 모양의 인공 로봇이다. 모습은 그린란드의 새끼 바다표범을 닮았고 무게는 2.8kg정도다. 파로는 제미노이드처럼 움직이는 로봇이 아니다. 파로는 혼자서 움직이지 못하며 누군가 옮겨 주어야 이동할 수 있다. 하지만 파로는 이시구로 교수를 닮은 제미노이드보다 훨씬 자율적이다. 파로는 (제미노이드와 달리) 말 그대로 자율 로봇이라 할 수 있다. 파로는 사람이 원격으로 조종하지 않아도 알아서 할일을 한다. 그리고 파로는 제미노이드보다 훨씬 다양한 동작을 취할 수 있다. 지느러미와 꼬리를 움직이고 눈도 깜박이며 확실한 의사표현을 위해 한쪽 눈만 깜빡일 수도 있다. 고개를 치켜들기도 하고 진짜 아기 표범과 비슷하게 두 가지 소리를 내기도 한다. 하나는 누군가를 부를 때 내는 소리이고 또 하나는 사람들에 반응하여 대답하는 소리이다. 파로는 자기 이름을 알아듣는다. 누군가 이름을 부르면 고개를 들고 소리 나는 방향으로 얼굴을 돌린다. 파로는 갑작스럽거나 큰 소리에도 반응하며 새로운 이름을 지어주면 그 이름을 알아듣는다. 피부 밑에 센서가 있어 만져주면 예뻐서 쓰다듬는지 괴롭히려 하는지 판단한다. 그리고 소리와 움직임으로 기분이 좋은지 나쁜지도 표현한다. 사실 파로가 할 수 있는 행동은 몇 개 되지 않는다. 그럼에도 접촉의 종류와 다양성을 따져 보면 그 반응의 종류는 무궁무진하다.[165] 파로는 하얀 수제 털로 뒤덮인 귀여운 동물이다. 대부분의 사람들은 파로를 보자마자 만져보거나 품에 안고 애정을 표현하는데 이는 파로의 반응이 그만큼 자연스럽기 때문이다. 혼자서 돌아다니지 못하기 때문에 개나 고양이처럼 찾거나 부를 필요가 없고 늘 곁에 둘 수 있다. 동물들과 달리 도망치거나, 물을 엎지르거나, 비싼 화병을 깨뜨리거나, 탁자를 긁어대지 않는다. 특히 파로는 튼튼해서 여러 사람이 만지거나 거칠게 다루어도 쉽게 고장나지 않는다.

파로는 주로 병원과 양로원에서 동물을 대신해 치료용으로 사용한다. 파로는 여기서 언급한 것 말고도 애완동물들에 비해 많은 장점을 지니고 있다. 멸균 처리된 파로의 인공 털은 진짜 동물들처럼 균이나 벼룩을 옮기지 않는다. 배변훈련을 시킬 필요가 없고 먹이를 줄 필요도 없으며 고무젖꼭지처럼 생긴 칩을 입 안에 넣어주면 충전이 된다. 파로는 스트레스를 받거나 우울해 하지 않으며, 이 사람 저 사람이 만지거나 안아도 불안해하거나 공격하지 않는다. 한마디로 파로는 치료용 동물의 장점들만 모아놓은 로봇이다. 파로는 주로 양로원의 노인들이나 병원의 어린이들을 상대한다. 일본에서는 일반인들이 애완동물 대신 기르기도 한다.

파로는 노인들의 정신적, 신체적 건강에 좋은 결과를 준다고 알려져 있다. 파로와 접촉함으로써 노인들은 인지능력과 감정능력은 물론 스트레스를 제어하는 능력까지 향상시킬 수 있다. 파로는 양로원 내의 교우관계에도 긍정적인 효과를 준다. 장기간 병원에 입원해야 하는 아이들의 기분을 향상시키고 우울감을 낮춰준다.[166] 파로는 특별히 하는 일이나 목적, 사회적 기능이 없이 곁에 두고 사회적 관계를 맺는 것만으로 동물치료의 효과를 준다. 이 점이 필요성이나 효용성을 지닌 도구가 아닌 친구나 동반자로서 파로를 곁에 두는 이유이다. 사람들은 파로에게 싫증내거나 흥미를 잃지 않고 수개월 이상 지속적으로 치료효과를 누릴 수 있다.

파로의 가장 큰 장점이라면 아기 바다표범의 모습을 하고 있다는 점이다. 아기 바다표범은 티브이나 그림, 영상 등에 자주 등장하는 친근한 동물이다. 그러나 어린 시절 아기 바다표범을 반려동물로 길러 본 사람은 거의 없다. 그래서 아기 바다표범의 진짜 행동을 잘 아는 사람도 드물다. 파로가 개나 고양이의 모습을 하고 있다면 우리는 파로의 행동이 실제 동물과 같은지를 판단하려 할 것이다. 파로는 스스로 움직이지 못한다. 움직일 수 없는 개나 고양이, 토끼 로봇이라면 신뢰감을 주기 힘들 것이다. 게다가 실제 동물처럼 유연하고 스스로 움직일 수 있는 로봇을 만들려면 엄청난 기술력이 필요하다. 파로가 스스로 움직이지 못한다는 점은 이렇게 이중의 장점으로 작용한다.

우선 안전하여 치료 받는 노인들이나 아이들이 쉽게 다가갈 수 있다. 또 기술적으로 단순하여 동물인형과도 같은 안정감을 준다. 실제 어린 바다표범들은 행동반경이 넓지 않으며 딱딱한 바닥(실은 거대한 얼음덩어리) 위에서 유유히 움직이며 생활한다.

아기 바다표범의 모습을 충실하게 모방, 재현한 파로의 성공 배경에는 '허구'가 자리잡고 있다. 이 로봇이 실제보다 더 자연스럽고 동물처럼 보이는 건 실제 동물에 대한 정보가 많지 않기 때문이다. 아기 바다표범을 직접 길러본 사람이 없기 때문에 불신이나 의심도 없다. 우리는 파로를 '진짜 동물'처럼 여기고 이 로봇이 아기 바다표범의 실제 행동을 모방하고 재현한다고 상상한다. 파로는 동물들이나 아기들이 그렇듯 소리가 나면 둘러보고 이름을 부르면 반응하고 쓰다듬어주면 좋아하고 함부로 대하면 싫어한다. 할 수 있는 행동이 매우 제한되어 있음에도 파로의 행동은 예측하기 어렵다. 파로는 사람에 따라 다르게 반응하며 같은 사람에게도 상황에 따라 다양하게 반응한다. 어느 날은 의기소침해 보이다가도 어느 날은 명랑해진다. 이런 다양한 행동 변화는 파로가 기분이나 기호 성격 등을 가지고 있는 것처럼 보이게 만든다. 하지만 실제 파로는 이런 것들을 전혀 가지고 있지 못하다.

그렇다면 파로는 그에게서 위안을 얻고 있는 노인들을 속이고 있는 걸까? 물론 파로가 노인들에게 진짜 애정을 가지고 있을 리 없다. 파로가 노인들의 무덤 앞에서 슬픔으로 오열하는 일은 절대 없을 것이다. 하지만 헝겊으로 만든 곰 인형이 곁에서 곤히 자는 아이를 속이고 있다고 의심하는 사람은 없다. 그렇다면 파로가 값비싸고 정교하게 만들어진 곰 인형과 다른 점은 뭘까? 이에 대한 대답은 쉽지 않다.

파로가 절대 할 수 없는 일들의 목록을 작성하다 보면 그가 동물보다 인형에 가깝다는 사실을 알 수 있다. 파로는 다른 물체는 물론 자신의 신체에도 전혀 반응하지 못한다. 파로의 행동은 다른 행위자와의 관계 속에서만 의미를 지닌다. 그는 행위자가 아닌 다른 사물들과는 전혀 상호작용하지 못한다. 파로는 공을 물어뜯거나 공을 쫓아다니거나 몸을 긁거나 털을 핥는 행동을 하지 않는다. 자기를 부르는 소리에 반응하거나 쓰다듬을 때 꼬리나 지느러미를 흔들 뿐 세상의 다른 일에는 아무 관심도 없다. 소리를 듣고 고개를 돌릴 수 있을지언정 소리의 원인에는 관심이 없다. 그의 움직임은 우리가 듣는 소리를 같이 듣고 있다는 동료로서의 의미만을 지닐 뿐이다. 파로는 극단적으로 사회적이다. 그의 세계엔 자신과 접촉하는 행위자들 외엔 존재하지 않는다. 파로의 존재는 그들에게 완전히 의존한다. 왜냐하면 타자와의 관계 속에서 행위의 직접 대상이 될 때 파로는 비로소 행위자가 될 수 있기 때문이다. 나머지 시간 동안 파로는 정물이나 움직이지 않는 물체에 불과하다.

파로는 자기 자신에게 전혀 관심이 없다. 파로는 자기에게 관심을 주는 사람에게만 반응하기 때문에 오직 그에게만 관심이 있는 것처럼 보인다. 파로가 자기 이름을 듣고 반응할 때는 특히 그렇다. 파로를 반응하게 하려면 먼저 접촉을 통해 관심을 보여야 한다. 즉, 만저주거나 안아주거나 데리고 다녀야 한다. 그런데 이런 관계는 그 밖의 타인을 배제할 때에만 가능하다. 파로는 이렇게 극도로 사회적이지만 이런 사회성은 오직 개인적인 관계에서만 유효하다. 파로와 접촉하는 순간 당신은 그와 특별한 관계를 맺고 있는 것처럼 생각한다. 파로는 당신과 맺은 내밀한 관계를 누구와도 나누어 갖지 않는다.

어찌 보면 이는 모순처럼 보인다. 왜냐하면 파로의 주요한 역할 중 하나가 서로 단절된 노인들을 공동의 공간에서 만나게 하는 것이기 때문이다. 하지만 사람들 사이에서 파로는 행위자라기보다 대상으로서 교류를 돕는다. 파로는 관심 대상이라는 제한된 방법으로만 그룹의 대화에 참여한다. 이때 파로는 대화 상대라기보다 대화의 촉매제나 계기일 뿐이다. 일대일 관계에서와 달리 사람들은 '파로와' 말하는 게 아니라 '파로에 대해' 말한다. 파로는 주변에 모인 행위자들 간의 대화나 사회적 교류를 원활하게 해주는 역할을 할 뿐 그 일원이 되지는 못한다. 또한 서로 대화하게 하고 주제를 제공해줄 뿐 대화 상대는 되지 못한다. 파로는 일대일의 관계에서는 행위자 역할을 하지만 정작 자신이 모아놓은 그룹에 대해서는 무관심하다. 또한 자신에 관한 모든 것에 무관심하고 자신과 직접 관계하는 사람에게만 관심을 준다. 파로는 자신의 판단으로 타자를 관계에 끼워 넣지 못한다. 즉 매개자로서 타인들을 모으거나 헤어지게 할 수 없다. 어떤 사물도 파로와 타인의 관계를 중개하지 못하며 어떤 타인도 파로와 다른 사물의 관계를 중개할 수 없다.

카스파와 돌봄 로봇

카스파KASPAR167는 1990년대 말 커스틴 도텐한Kerstion Dautenhahn 과 그의 동료들이 연구용으로 만든 로봇이다. 카스파는 원래 자폐아동들이 다른 사람들과 소통하고 교류할 수 있도록 돕는 치료용 로봇이었다.168 2005년 하트퍼드셔 대학에서 두 가지 목적의 소셜 로봇을 개발하기 위한 '카스파 프로젝트'를 시작했다. 주된 임무는 자폐아동들과 파트너들(같은 자폐아동들이나 정상 아동들, 치료사, 교사, 부모 등) 사이의 소통을 원활하게 해주는 '사회적 중개자' 역할과 함께 아동들의 사회성 발달을 실험하는 것이었다. 여기에 타인의 감정을 이해하고, 상대의 감정표현에 맞춰 반응하고, 순서에 따라 자기 역할을 수행하고, 다른 사람을 따라하고, 다른 사람들과 협동하는 등 보통사람이라면 쉽게 터득했을 능력을 자폐아동들에게 자연스럽게 심어주려는 목적이 있었다. 장난감 로봇을 치료 목적에 사용하려는 아이디어는 자폐아동들에 대한 조기치료가 인지능력과 사회성 향상에 도움이 된다는 연구보고에 따른 것이었다.

이런 치료와 교육용 프로젝트에는 사회적 실재감과 함께 안심할 수 있는 파트너가 필요하다. 그리고 이때 로봇은 아이가 행동을 예측하고 이해하기 쉽다는 장점을 가진다. 세 살 정도 아이 크기의 휴머노이드 로봇 카스파는 모리의 곡선으로 보면 실제 아이와 닮았다고 보기 힘들다. 도텐한 팀은 지나친 현실감을 피하기 위해 로봇의 얼굴 윤곽을 단순 도형화 함으로써 복잡한 사회적 메시지를 피했다.

사람 피부색을 띤 실리콘 마스크의 얼굴은 섬세하지 않아 나이, 성별, 감정상태 등을 알아내기 힘들다. 하지만 이런 거친 표현이 오히려 해석의 자유를 주어 아이들이 카스파를 놀이친구나 편한 사람 정도로 상상하게 만들어준다. 또 이런 모습은 로봇 설계자들이 필요에 따라 다양한 버전으로 발전시킬 수 있도록 (프로그래밍 수준을 포함하여) 만들어준다.

다행히 카스파와 처음 만난 자폐아동들은 자연스런 반응을 보였다. 최신 버전의 카스파는 어린 남자아이의 모습을 하고 있는데 상반신과 팔, 머리를 움직일 수 있으며, 입을 여닫고 눈을 떴다 감았다 할 수도 있다. 움직임의 한계로 '최소한의' 감정표현만 가능하기에 오히려 행동을 이해하기 쉽다. 카스파는 눈, 팔, 상반신의 움직임과 목소리를 통해 기쁨, 슬픔, 놀라움 등의 기본적 감정을 표현한다.

카스파를 자율 로봇으로 보긴 힘들다. 조종사가 '오즈의 마법사'[169]라는 기술 장치의 도움으로 움직임과 말을 조종하기 때문이다. 사회적 중재자와 치료사로서의 능력을 결합하려면 인간의 도움이 필요하다. 카스파는 흉내 내기, 역할놀이, 서로 바라보기 등 자폐아동들이 힘들어하는 여러 상호작용에 아이들이 참여하도록 도와준다. 도텐한 팀은 다양한 놀이 시나리오를 통해 카스파의 교육과 치료 능력을 평가하여 자폐아동들의 사회성 향상을 돕도록 준비하고 있다.[170]

카스파의 주요 임무는 자폐아동들과 치료사, 교사, 친구들 사이에서 사회적 중재 역할을 하는 것이다. 로봇은 아이들에게 자신의 감정(슬픔이나 기쁨 등)을 표현하고 타인의 감정표현을 이해하는 방법을 가르쳐 준다. 극도로 단순화 된 카스파의 최소화된 표현능력은 자폐 아동들이 타인과 함께 놀고 뭔가를 시도할 수 있는 예측 가능하고 안전한 환경을 만들어준다. 비슷한 유형으로 로봇에게 피부막을 입힌 로보스킨Roboskin[171]을 이용하여 아이가 다른 사람과 적절한 힘을 사용하여 신체접촉을 할 수 있도록 가르치기도 한다. 종종 접촉에 극도로 민감하거나 무감각한 자폐아동들이 있는데 이런 아이들은 놀이를 하면서 제대로 힘을 조절하지 못하는 경우가 많다. 카스파는 접촉을 통해 이 아이들이 이해할 수 있고 안심할 수 있는 사회적 환경을 제공한다. 자폐아동이 힘을 조절하지 못하더라도 상호작용을 중단하거나 밀어낼 필요가 없다. 카스파는 대부분의 아이들이 그러듯 화를 내거나 놀기를 거부하는 대신 "아야, 아파!" 하고 확실한 메시지만을 전달한다.

카스파는 소위 고기능 자폐 아동들을 위해서도 이용된다. 디지털 화면을 통해 아이들은 놀이를 하며 로봇의 움직임을 따라한다. 카스파를 매개로 아이들은 협동하고 함께 놀고 역할을 바꾸는 연습을 한다. 그리고 로봇을 흉내 내며 자기 신체의 이미지를 발견하기도 한다. 로봇은 놀이를 통해 코, 귀, 팔 등 인간과 유사한 자신의 신체부위를 하나하나 만지며 단어를 말하고 아이들은 이를 따라한다.

로봇을 통해 실습을 하면 아이들은 일상에서처럼 뜻하지 않은 사고나 난처한 상황 없이 안전하게 상호작용을 즐길 수 있다. 로봇은 아이가 부적절한 반응을 보이더라도 거부하거나 배척하지 않는다. 로봇은 명료하고 예측 가능한 반응만 하기 때문에 아이가 잘못 판단할 가능성을 줄여주며 사회성을 배우는 어려운 과정을 견딜 수 있게 해준다.

안정감과 편안함(반려동물과의 관계에서 주로 나타나는)은 파로를 비롯하여, 뇌혈관 장애, 발작, 불의의 사고 등으로 일상적인 행동을 할 수 없게 된 환자들을 치료하는 로봇들이 공통으로 지녀야 할 덕목이다. 운동능력이나 인지능력의 회복이 '사회성' 회복에 꼭 필요하며 재활중인 환자들이 부담스러운 인간 간호사보다 로봇을 더 원한다는 사실은 여러 연구를 통해 밝혀졌다.

안심하고 상호작용할 수 있다는 장점 때문에 최근엔 카스파를 학대나 사고, 범죄로 피해를 당한 아이들의 증언을 유도하는 데 사용하자는 의견이 일고 있다. 대부분의 피해 아동들은 어른들 앞에서 마음을 여는 데 어려움을 겪는다. 영국의 런던 시경에 따르면 이런 상황에 처한 아이들은 사회복지 전문가와 인터뷰할 때도 대답을 회피하거나 거짓 정보를 제공하는 경향이 있다. 아무리 잘 훈련된 전문가라도 사소한 몸짓이나 신호만으로 아이를 불안감에 빠뜨림으로써 진술을 주저하게 하거나 사실을 왜곡시킬 수 있다. 이런 상황에서 로봇은 안심할 만한 대화상대가 되어준다. 상대가 로봇이라는 점이 상황을 일종의 게임처럼 인식하게 만들어주는 것이다.

하지만 이런 제안은 윤리 논쟁을 불러일으켰다. 로봇과 마주한 아이들이 인간과 이야기하고 있다는 사실을 잊은 채 나쁜 상황에서는 하지 않은 이야기들을 털어놓을 수도 있기 때문이다. 밖에서 사람들이 엿듣고 있는데도 로봇에게 말하고 있다고 믿게 만드는 건 아이를 기만하는 행위일 수 있다. 그 동안 로봇을 비난받게 만들었던 속임수가 반대로 인간을 향하는 경우이다. 인간의 감정을 시늉만 낸다는 이유로 그동안 로봇은 거짓 감정을 가졌다고 비난 받아 왔다. 로봇들의 감정을 가짜라고 주장하는 이유는 감정에 맞는 심적 상태를 가지고 있지 않아서다. 하지만 여기선 반대로 아이가 로봇과 얘기하고 있다 믿으며 마음을 놓는 것이다. 이런 경우를 기만이라 한다면 아이를 속이는 것은 로봇이나 기계가 아닌 어른들, 즉 인간이 된다.

카스파의 성공은 로봇을 교육이나 치료 또는 장애아동 보호 등에 이용해도 되는가라는 논란을 불러일으켰다. 인간을 돌보는 책임을 기계에게 맡기는 것이 과연 윤리적으로 바람직한가 하는 것이다. 카스파 같은 로봇 파트너들은 인간을 대신하기에 아직 부족하며 약간의 도움과 치료효과를 줄 수 있을 뿐이다. 이들은 다양한 이유로 사회화에 어려움을 겪는 이들이 사회적 관계망에 편입하도록 도와주는 임시방편의 대리자에 불과하다. 그렇다면 피에 암보$^{Phie\ Ambo}$가 자기 영화에서 '기계적 사랑'이라 표현한 인공 감정을 단지 상대를 속이고 효과를 얻어내기 위한 가짜 감정으로 보기는 어렵다. 로봇과 인간의 상호작용에서 생성되고 발전하는 감정이나 공감은 감정의 역동과정에서 그에 맞는 사회적 반응을 불러일으킨다. 그리고 이 과정은 사회관계에 어려움을 겪는 사람들이 사회 환경에 편입될 수 있도록 도와준다.[172]

또 하나의 가정

제미노이드와 파로 모두 결함을 가지고 있지만 결함의 성격은 매우 다르다. 두 로봇 모두 사물과는 상호작용할 수 없으며 다른 행위자하고만 상호작용한다. 물론 제미노이드는 말도 하고 알아들을 수도 있다. 파로와 달리 자신이 언급되거나 주제가 될 때 이를 인지하며 계속 대화를 이어나갈 수도 있다. 물론 진짜로 말하고 듣고 관심을 가지는 건 로봇 자신이 아니지만 말이다. 제미노이드가 할 수 있는 일들은 모두 대화라는 형식을 통해서만 가능하다. 파로처럼 제미노이드도 대화상대가 없으면 세상 누구와도 관계를 맺을 수 없으며 이런 관계가 그가 존재하는 이유의 전부이기도 하다. 이렇게 볼 때 파로와 제미노이드는 모두 각기 사회성 과잉에 시달리고 있다.

우리 인간들의 사회관계 중 직접적인 것은 거의 없다. 사회관계들의 대부분은 무언가에 의해 매개된다. 그것이 행동을 유발하는 사물일 수도 있고 산책이나 술자리 등의 계기나 이를 매개로 한 대화일 수도 있다. 그중 후자는 파로에게 전혀 접근 불가능한 영역이다. 파로 스스로 행동을 유발하는 역할을 하거나 계기를 마련할 수는 있지만 그와 파트너 사이에 어떤 대상도 계기로 끼어들 수는 없다. 크게 보면 제미노이드도 매개자 역할을 할 수 없긴 마찬가지다. 제미노이드는 언어 기능을 가지지만 현재 자기가 속한 상황이나 세상에 대해 아무 관심도 없다.

여기서 "관심이 없다"라는 말을 단순히 주관적 입장으로만 이해해선 안 된다. 그것은 자기가 처한 환경과의 객관적인 관계로 이해해야 한다. 우리 인간은 세상과 소통하는 한 세계에 관심을 가진다. 반면 제미노이드에게 세계는 로봇과 파트너가 속한 일상 세계가 아닌, 제미노이드와 그의 조종자를 연결하는 시스템이다. 일상 세계가 로봇과 파트너의 관계를 매개할 수 없는 이유가 여기 있다. 이는 로봇이 상대에게 자기의 실재감을 심어줄 수 있는 반면 상대는 로봇에게 자기 실재감을 느끼게 할 수 없는 이유이기도 하다. 로봇은 멀리서도 내게 영향을 미칠 수 있다. 하지만 직접 접촉하지 않는 한 나는 로봇에게 아무런 영향도 미칠 수 없다. 파레Paré와 스트로브Straub의 실험이 말해주듯 나의 직접적인 행동에 대한 제미노이드의 반응은 파로나 카스파와 달리 현재 진행 중인 상호작용과 연관성을 가지지 못한다. 이 말은 곧 소통으로서의 가치를 지니지 못한다는 얘기다.[173]

제미노이드는 일반적인 원격통신에서 불가능한 삼차원 물리적 공간에서의 사회적 실재감을 가질 수 있다. 반면 그와 상대하는 인간은 주변 환경에 무관심하게 대응하는 로봇을 통해 자신이 실재감을 가지지 못하고 화면 속의 이미지나 단어들의 샘플링에 불과하다는 걸 깨달아야 한다. 파로와는 언어적 소통이 불가능한 반면 제미노이드와의 모든 관계와 소통은 언어의 틀 안에서만 이루어진다. 이와 반대로 파로는 신체적 소통에서 뛰어난 능력을 보여주지만 제미노이드는 이런 면에서 많이 모자란다. 제미노이드는 조종자의 뒤에 숨어 대변자의 역할을 하지 못하고 진짜 대화상대로 나설 수도 없는 어정쩡한 위치에 있다. 가장 큰 원인은 제미노이드에게 정서적으로 교류할 수 있는 상호 능력이 결여되어 있기 때문이다. 자신의 원격 행동이 불러일으킨 상대방의 반응에 대해 제미노이드는 아무런 대응도 할 수 없다. 제미노이드에게 상대방인 '나'는 아무 것도 아닌 존재이다. 나는 조종실에서 그에게 명령하는 누군가를 위해 존재할 뿐이다. 제미노이드는 자신의 실재를 강요하는 단순하고 일방적인 기능만 가질 뿐 자신의 실재를 느끼는 타인의 실재에 같은 방식으로 반응할 능력이 없다.

반면 파로는 자신을 주목하는 인간 파트너가 있어야만 행위자로서 존재할 수 있다. 파로는 이런 주목에 대한 반응으로 인간 파트너의 응답을 이끌어내고, 이 반응은 다시 로봇에게서 새로운 반응을 이끌어내는 행위가 된다. 이 때문에 파로와의 상호작용은 제미노이드와의 상호작용보다 훨씬 복잡한 감정의 역농을 이끌어낼 수 있다. 제미노이드는 대화능력을 가지고 상대방과 관계를 맺는 반면, 파로는 자신이 참여하고 있는 상호작용이나 자신이 관심의 대상이 되는 상황으로부터 스스로 벗어날 수 없다. 대화능력이 없는 파로는 단순한 사회관계에 갇혀 거기서 벗어나거나 더 넓은 곳으로 옮겨갈 수 없다.

파로와 제미노이드 모두 결정적인 결함을 가지고 있다. 둘 모두 실재감을 지니지만 스스로 세상에 관심을 가지지 않는다. 이들의 행위는 사회성 자체로서의 의미만을 지닌다. 하지만 카스파는 이들에게 없는 것을 가지고 있다. 카스파를 교육 목적으로 쓸 수 있는 긴 모방 능력 때문이다. 이 모방 능력을 통해 카스파는 아이들의 관심을 유도해내고 이 관심을 통해 아이들이 자신과 세상에 새로운 관심을 갖도록 만든다. 카스파가 이런 역할을 수행하려면 파로처럼 그의 행위가 순간적인 반응으로 끝나선 안 된다. 카스파도 제미노이드처럼 원격 조종으로 움직이는 반자율형 로봇이다. 하지만 제미노이드가 카스파나 파로와 다른 점은 이 로봇이 상대의 접촉에 직접 반응하고 아이의 행위에 따라 그때그때 다른 반응을 보인다는 점이다.

아직은 많이 미흡하지만 이런 로봇들을 통해 진정한 사회적 인공행위자들이 갖춰야 할 몇 가지 미덕들을 살펴볼 수 있다. 진정한 의미의 반응능력이 결여된 파로와 제미노이드는 자기의 행위를 인간과의 감정공조 프로세스에 연결시킬 능력이 없다. 반면 카스파는 이런 능력을 가지고 있고, 이를 통해 아이들을 감정공조의 프로세스에 끌어들이고 사회성을 길러줄 수 있다. 카스파의 단점이라면 반자율 로봇이기 때문에 행동이 자유롭지 못하다는 것이다. 이들은 일본 만화에 나오는 외골격로봇처럼 완전한 인조로봇이 되지 못하고 인간의 조종에 따라 움직인다. 그렇다면 이런 질문도 가능할 것이다. 카스파를 상대하는 자폐아동들은 과연 누구와 상호작용하고 있는 걸까? 대답에 앞서 우리는 이런 방법을 통해 자폐아동들의 능력발달을 도와주는 카스파가 과연 아이들을 기만하는 것일까 하는 질문을 다시 던져 볼 필요가 있다.

완전한 자율성을 지닌 소셜 로봇들이라 해도 우리 인간과 유사한 심적 상태를 지니지 못했다면 "마음이 없는" 기계일 뿐일까? 과연 이들은 느낌이나 공감을 가지고 있지 않을까? 우리는 기계들이 인간들과 비슷한 사회적 관계를 유지해야하고 인간과 지속적으로 공조하려면 인간처럼 복잡한 마음을 지녀야 한다고 상상한다. 하지만 인간과 감정공조의 프로세스를 형성할 수 있는 기계라 해도 실제로 내적, 개인적 감각을 지닐 필요는 없다. 왜냐하면 지금까지 로봇공학이 상식이라 믿고 상상해 왔던 "진짜" 내적, 개인적 감각이란 실재하지 않을 수도 있기 때문이다. 그렇다면 이제 우리는 새로운 질문을 던져야 한다. 소셜 로봇이 진심으로 우리 인간을 도울 수 있을까? 이들이 인간들과 믿음, 우정 또는 사랑이라 부르는 관계를 나눌 수 있을까? 만약 가능하다면 그건 어떤 형태일까? 이를 과연 진실한 관계라고 말할 수 있을까?

'진실'이란 것이 믿음, 우정, 사랑처럼 마음에 품은 미덕들을 가리키는 것이라면 인공행위자들은 진실하지 못한 것으로 보아야 한다. 하지만 그렇다고 이들의 행위를 모두 거짓이나 속임수라 말할 수는 없다. 진실하다고 여겨지는 인간들의 관계에서도 감정의 가장이나 기만은 존재하기 때문이다. 마찬가지로 인간처럼 정서적 공조가 가능한 인공행위자들과의 관계에서도 불만족이나 실망 같은 감정이 나타나지 말라는 법은 없다.[174] 인간과 로봇의 공진화는 그들만의 특성을 지닌 새로운 현상학적 관계들을 만들어낼 것이다. 그때 우리는 (또한 인공행위자들은) 인간들의 관계나 동물 친구들과의 관계에서 그랬듯이 상대의 감정이나 공감이 진실한거나 실재하는지에 대해 의문을 다시 품게 될 것이다.

인간과 로봇의 공진화 전망이 윤리적, 정치적 문제들을 안고 있다면 이 또한 우리가 새롭게 도전해야 할 탐구과제이다. 우리가 경계해야 할 것은 이런 문제들에 진지하게 접근하는 대신 질문 자체를 회피하거나 성급한 결론을 내리는 것이다. 이렇게 될 때 공진화의 전망이 현재 진행 중인 (또는 곧 실현될 것이라 예상하는) 바이오메디컬, 정보 커뮤니케이션 기술(특히 소셜 미디어와 관련된), 운송 자동화 관리 시스템, 금융시장, 은행거래, 보안, 시험관 인공수정과 장기이식, 생체 형질변형(이미 현실이 되어버린 생물학적 부모가 셋인 아기 같은) 등과 유사한 문제 정도로 취급될 가능성이 있다. 우리는 지금 중요한 변화의 한가운데에 서 있다. 최근 이루어진 기술발전은 누구도 예측할 수 없는 도덕적, 정치적, 사회적 변화를 요구한다. 이런 예측이 어려운 것은 우리가 진보라 부르는 변화들이 가져다줄 미래가 이를 경고하거나 환영하는 사람들이 상상하는 것과 전혀 다른 모습으로 다가올 가능성이 크기 때문이다. 그러나 기술진보에 의한 사회 변화가 우리가 예상했던 것보다 훨씬 일관되고 통일성 있게 다가올 수도 있다. 기술진보의 사회적 현상이 불러올 전체적 효과나 현상들의 불일치를 우리가 과장해서 해석하고 있을 수도 있는 것이다.

　이 책에서 다루고 있는 '발전' 속에는 완전히 새로운 형태의 기술도구들도 포함되어 있다. 그중 소셜 로봇은 우리의 사회 생태계를 완전히 바꿔버릴 만큼의 폭발력을 지녔다. 한나 아렌트는 『현대 인간의 조건』에서 우리 삶의 기본 조건을 결정하는 세 가지 유형의 행위들에 대해 이야기하고 있다. 그 첫째는 노동labor인데, 이것은 우리의 생존, 즉 생물학적 실존 자체에 의해 결정된다. 두 번째로 작업work은 우리 삶의 비자연성을 표현해주는 문화적 생산물로, 물질이나 지식의 가공물들로 채워진다. 마지막은 행위 또는 정치로, 이는 우리 인간이 개체로 된 특별하고 유일한 존재이기에 앞서 남녀 또는 인종 등 수많은 집단의 일원으로 살아야 하는 복수성의 인간조건을 지녔기 때문에 생겨난다.[175] 우리가 만들어 온 대부분, 아니 모든 기술도구들(최신의 현대문물까지 포함해서)은 우리 인간의 생물학적, 문화적 조건들을 송두리째 바꿔 놓았다. 그중에서도 대리로봇의 탄생은 우리 인간들이 지닌 다수성의 조건을 변화시키고 더 다양하게 만들 것이 분명하다. 지금 우리는 우리 인류를 빼닮았지만 전혀 다른 새로운 주역들(동물들과 비슷하지만 전혀 다른 방식을 지닌)의 출현을 눈앞에 두고 있다.

제5장

윤리적 살상무기에서 인공 윤리까지

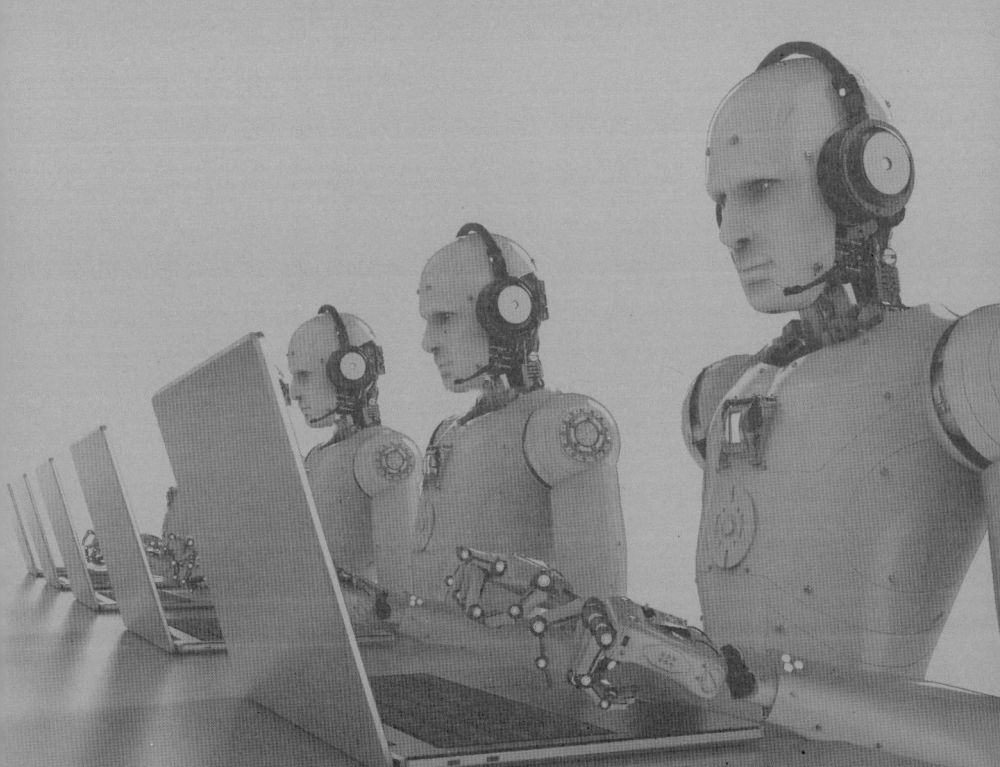

어떤 상황에서든 긴장하지 않고 집중력을 발휘하여 오류 없이 판단을 내리는 기계를 생각해내는 건 정말로 짜릿한 일이다.

- 제임스 R. 차일스James R. Chiles

앞의 두 장에서 다루었던 대리로봇들처럼 우리 주변엔 잘 알려지지 않은 인공행위자들이 많다. 이제부터는 이들이 어떻게 서로 다르며 인간 사회에 도입할 때 우리 사회에 어떤 윤리-정치적 문제들이 발생하는지 살펴볼 것이다.[176] 의료 분야의 시제품이나 실험도구 같은 특별한 용도로 쓰이는 대리로봇들과 달리 지금부터 다루려는 인공행위자들은 우리 생활에 이미 깊숙이 들어와 있는 것들이다.

이들은 종류도 많고 우리 생활에 큰 영향을 미치지만 대부분은 눈에 잘 띄지 않는 것들이다. 대부분 개인 용도로 사용되는 것이 아니라서 일상생활에서는 찾아보기 힘들기 때문이다. 하지만 이들은 분명 행위자들이며 지금도 우리 생활 속에 작용하고 있다. 하지만 보통은 사용자들조차 이들을 행위의 주체로 인식하지 못한다. 이들은 기능 수준에 따라 '부분적partial' 또는 '통합적integrated' 행위자로 나눌 수 있다. 어떤 행위자가 자신이 프로그램화된 복잡한 기술 시스템에서 분리되었을 때 단독으로는 아무 일도 할 수 없다면 이들은 부분적이거나 통합적 행위자라 말할 수 있다. 우리의 입출금을 처리하는 금융 알고리즘은 분명 행위자라 할 수 있다. 이것들은 전체 금융 알고리즘 중 입출금을 허락할지 거절할지를 결정하는 코드 라인을 이룬다. 하지만 이런 행위자를 동작주체라고 말하긴 어렵다.

드론을 비롯한 자동 비행물체들은 로봇으로 불려도 손색이 없다. 이들은 물리적 공간 속에 삼차원으로 존재한다. 하지만 이들 대부분은 집행자들에 불과하다. 인간과 능동적으로 대화하고 감정을 교환하는 대리로봇들과 달리 이 로봇들은 특정 결정이나 동작 또는 일부 조작만을 수행할 뿐이다.[177]

오늘날 지능 기계들에 대한 윤리적 고찰은 주변에서 흔히 볼 수 있는 인공행위자들의 기본적인 특성에만 초점이 맞추어져 있다. 보통의 인공행위자들은 전체를 구성하는 한 부분으로 기능하며 단 하나의 목적만을 위해 존재한다. 이에 비해 대리로봇은 완전한 사회적 행동주체로서 기능하도록 디자인되었기에 이와 다른 윤리적 문제를 가지며 다른 방식으로 접근해야만 한다. 대리로봇의 윤리적 문제를 도덕적 자율성을 가지지 못한 다른 행위자들과 같은 것으로 여겨 행위의 통제에만 만족해선 안 된다는 얘기다. 즉, 은행이나 금융시장에서처럼 자유로운 운용을 제한하고 복잡한 시스템을 통제하는 규정을 두는 것만으로는 충분치 않다. 부분적 업무를 담당하는 행위자들도 본질적으론 인간을 위한 기계들이다. 이들을 윤리적으로 통제할 때 가장 중요한 것은 단순 기계들처럼 그들의 행동이 미칠 결과를(때로는 예측할 수 없는 것까지) 제어하는 일이다. 대리로봇은 진정한 의미의 기계이자 개별 행위자들이며 우리와 점점 깊은 관계를 맺게 될 새로운 유형의 사회적 행위자들이다. 따라서 그들도 이제는 (또는 조만간) 윤리적 고려의 대상이 되어야 한다. 이들은 일본 만화에서처럼 우리에게 도덕적 깨달음과 배움의 기회를 줄 것이다. 우리는 카스파 같은 대리로봇들에 대한 예비고찰을 통해 그것이 어떻게 전개될지 이미 살펴보았다.

로봇 윤리

『로봇 윤리Robot Ethics』[178]나 『도덕 기계Moral Machines』[179]처럼, 요 몇 년 사이에 로봇의 윤리를 다룬 책들이 많이 출간되고 있다. 이런 흐름은 인간과 컴퓨터의 관계를 규정한 '기계 윤리'와도 관련이 있다. 기계 윤리는 의료윤리나 사업윤리처럼 각 업무 분야의 행위 규칙을 정한 분야별 윤리와도 비슷하다.[180] 하지만 기계 윤리와 분야별 윤리에는 중요한 차이가 있다. 기계가 따라야 할 규범은 프로그램에 내장되어 있으며, 자율성을 지닌 시스템이라 하더라도 인간의 행위나 요구에 어떻게 대응해야 할지 범위가 미리 정해져 있다. 여기서 기계들이 지녀야 할 윤리의 핵심은 상대인 인간의 요구에 얼마나 충실하고 성실하게 답해주는가 하는 것이다. 이는 지금까지 기계의 윤리가 좋은 서비스나 깔끔한 업무수행 등 컴퓨터 전문가들의 직무윤리강령 수준에서 벗어나지 못한 이유이기도 하다.[181] 매우 중요한 문제임에도 이에 대한 논의는 지난 30여 년 동안 낡은 윤리적 사고의 틀에서 벗어나지 못했다.

오늘날의 '로봇 윤리'[182]는 이보다 거대하고 혁신적인 계획을 요구한다. 그것은 로봇에게 선과 악의 차이를 가르침으로써 '도덕적 기계'를 만들어내는 것이다.[183] 그것이 표방하는 목표는 도덕규범을 장착한 인공행위자들, 즉 도덕적 인공행위자(공식 약어로는 AMA[184]라 부른다)를 만드는 것이다. 이 계획은 기술적 차원(진정한 도덕적 행위자가 되기 위한 자율성을 지닌 인공행위자일 것)과 도덕적 차원(자율적 행위자가 도덕적으로 행위할 수 있을 것)을 모두 포함한다. 이런 계획은 우리가 앞서 언급했던 여러 문제들과 관련해 많은 의문을 촉발할 것이 분명하다.

우리는 지금까지 진정한 대리로봇이라면 자율성을 갖추어야 하고 동시에 권한도 가질 수 있어야 한다고 주장해 왔다. 여기서 권한은 도덕적 관계를 말하며 자율성은 현대 윤리의 핵심 개념이다.[185] 따라서 이제 다음과 같은 질문을 제기할 때가 되었다. 과연 지금까지의 로봇 윤리가 대리로봇들에게도 유효하게 적용될 수 있을까? 만약 대리로봇의 윤리와 로봇 윤리가 달라야 한다면 그 차이는 무엇일까?

우리는 대리로봇에게 무엇이 옳고 무엇이 그른지를 구분하도록 가르칠 수 있을까? 로봇에게 옳고 그름을 가르치려면 어떻게 해야 할까?" 이런 질문들에 답하기 전 우리는 로봇 윤리를 통해 이루고자 하는 게 무엇인지부터 살펴보아야 할 것이다.

흥미로운 것은 새로운 로봇 윤리의 필요성을 주장하는 사람들조차 진정한 도덕적 행위가 가능한 자율적 로봇이 만들어지기까지는 오랜 시간이 필요하다고 얘기한다는 것이다. 이처럼 우리는 이런 로봇이 언제 만들어질지, 그게 가능할지조차 확신하지 못하고 있다.[186] 그렇다면 이제 다시 의문에 빠질 수밖에 없다. 우리가 이뤄내려는 것은 과연 무얼까? 아직 존재하지 않고 앞으로 존재할지 확신할 수 없는 로봇을 위해 왜 윤리 규정을 미리 마련해야만 한다는 걸까?

이런 질문에 대한 로봇 윤리학자들의 대답은 둘로 나뉘지만 인공행위자들을 위한 윤리적 규칙을 마련하거나 도덕적 인공행위자를 창안해내는 게 진짜 목적이 아니라는 데엔 의견이 일치한다. 그럼에도 양쪽 주장엔 확실한 차이가 있다. 첫 번째 주장은 이렇다. 이런 규범을 마련하기 위해 인공행위자가 출현할 때까지 기다리면 때가 늦는다. 반드시 오게 될 미래를 대비하는 일은 꼭 필요하다. 기계문명이 발달하여 로봇으로 넘쳐날 미래에 대비해 '로봇들의 행위를 규제할 도덕규범을 마련하는' 건 철학자들의 의무이기도 하다. 두 번째 주장은 또 이렇게 말한다. 이미 금융시장이나 민간항공 분야, 선생지역 등에서 중대한 결과를 초래할 수 있는 자율형 로봇들이 활동하고 있다. 이들이 내릴 결정들에 대한 도덕적 지침을 마련하는 일은 시급하다.

따라서 자율행위자들이 스스로 행동할 수 있는 범위를 제한하는 일은 매우 중요하다. 이 두 가지 주장은 상호보완적이다. 두 계획이 지향하는 목표는 자율적 인공행위자들이 '도덕적'으로 행동하는 게 아니라 칸트가 말한 바대로 "도덕률에 맞게" 행동하는 것이다. 도덕적 행위와 도덕률에 맞춘 행위에는 매우 큰 차이가 있으며 앞으로 보겠지만 전략상으로도 완전히 다른 결과를 가져온다. 왜냐하면 이는 인공행위자들에게 어떤 자율성을 갖춰주어야 할지 하는 문제와도 뗄 수 없는 관계를 가지기 때문이다.

로봇 윤리의 목표는 기술 발전이 가져다 줄 불가피하지만 예측 가능한 (사실은 예측 가능하기에 불가피한) 미래를 규정하고 제한하는 것이다. 우리는 미래의 기계들이 어떤 모습을 하고 있을지, 어떤 역할을 하고 어떤 이익을 주게 될지 이미 알고 있다. 뜻밖의 재앙이나 가능성이 희박한 정치적 사건만 피한다면 경제적 이익의 실현이란 측면에서도 이런 미래는 거의 확실히 실현될 것이다. 로봇 윤리를 만들려는 이유는 로봇의 보편화가 가져다줄 변화가 현실화되기 전 미리 이들을 통제하기 위해서이다.[187] 로봇 윤리의 목적은 아이작 아시모프 Isaac Asimov의 로봇윤리헌장처럼 특별한 로봇 윤리규범을 창안하려는 것이 아니다. 그보다 공리주의처럼 널리 통용될 수 있는 도덕체계에서 개별 도덕규칙들을 가져와 자율적 인공행위자들에 적용하려는 것이다.[188] 그 방법 중 하나는 '윤리표준ethic module'에 따른 명령 시스템을 도입하여 자율 로봇이나 기계가 할 수 있는 일을 내부에서 규정하는 것이다. 윤리표준에는 자율성을 지닌 인공행위자가 미리 참조해야 할 윤리규범들이 포함되며 이를 통해 행동의 자유를 제약하는 걸 목적으로 삼는다.

인공행위자의 자율성과 관련된 이런 전략은 로봇 윤리가 본질적으로 지닌 이중성을 잘 보여준다. 이 책의 도입부에서 살펴보았듯이, 이런 이중성은 우리가 진정한 자율성을 지닌 행위자를 원하지 않기 때문에 생겨난다. 또한 도덕철학에서 이야기하는 자율성의 역할에 대한 일종의 혼돈에서 오기도 한다. 우리는 한편 진정한 의미의 도덕적이고 자율적 인공행위자가 존재할 수 없다고 말하면서도 다른 한편 그들의 자율적 행위가 도덕 문제를 야기하기에 인공행위자들에게 윤리적 규범을 적용해야 한다고 말한다. 자율적 행위를 제한하여 '도덕적인' 인공행위자들을 만들자는 건 다시 말하면 진정한 도덕적 행위자가 될 수 없도록 이들의 행위를 제한하자는 얘기이기도 한 것이다! 하지만 이런 혼돈에도 배경은 있다. 이는 18세기 이후 다양한 형태로 펼쳐진 자율과 자유에 대한 철학적 주장에서 나왔다. 이 주장에 따르면 도덕적 행위자는 정의상 '도덕적으로 행동하지 않을 수도 있는' 행위자라야 한다. "~라야만 한다"는 생각 속에는 이미 그렇지 않을 가능성이 내재해 있다. 행위자가 꼭 그렇게 해야만 한다는 건 정의상 다르게 행동할 수도 있다는 얘기이기 때문이다. 만약 행위자가 다르게 행동할 수 없고 오직 도덕적으로만 행동할 수 있다면 이들은 할 수 있는 일이 아니라 할 수밖에 없는 일을 하는 것이다.

이렇게 볼 때 로봇 윤리는 로봇의 자율성을 부인한다. 즉 자율적 인공행위자로부터 도덕적 자율성을 박탈하고 있는 것이다. 따라서 우리가 다루고 있는 건 규약으로서의 윤리가 아니라 다르게 행동할 수 있는 권리와 가능성을 박탈당한 주체를 위해 준비된 한 세트의 규칙일 뿐이다.

    로봇 윤리가 가장 자연스럽게 정착된 군사로봇의 윤리는 소위 자율적이라는 인공행위자들의 자율성에 대한 자기부정의 모습을 잘 보여준다. 선택 가능했던 것들을 그렇게 행동할 수밖에 없는 것으로 만들어 윤리가 국민국가의 탄생과 정치적 자유주의라는 근대철학으로부터 얼마나 멀어지고 있는지를 보여주고 있는 것이다.

자율무기와 인공행위자들

정치학자인 아민 크리슈난$^{Armin\ Krishnan}$이 지적했듯이 자율무기들은 이미 제1차 세계대전 무렵부터 있었다.[189] '자율무기'란 인간의 개입 없이도 스스로 적을 살상할 수 있는 무기들이다. 더 정확히 말하면 인간의 조작을 필요로 하지 않고, 일단 작동되거나 발사되면 인간의 개입이 배제된 상태에서 목표를 향해 공격을 퍼붓는 시스템을 자율무기라 할 수 있다.[190] 대인지뢰를 비롯해 드론, 방어용 미사일 같은 자동화 무기나 방어 시스템들은 모두 자율무기라 할 수 있다. 자율무기들 중에서 군사용 로봇들은 특별한 경우에 속한다. 크리슈난에 따르면 로봇은 프로그램화 할 수 있고, 자신의 환경을 감지하고 조작할 줄 알며, 최소한의 자율성을 지닌 기계들이다. 이렇게 보면 로봇은 상황을 스스로 감지하고 대처할 능력이 없는 대인지뢰 등의 자율무기들과 구별된다. 지뢰는 뇌관이 당겨질 때에만 자동 반응하므로 행위가 제한적이다. 이 정의에 따르면 자율무기들이 모두 자율성을 갖추지는 못했으므로 로봇은 특별한 종류의 자율무기라 할 수 있다. 그렇다면 자율무기들은 대체 어떤 점에서 자율적이라는 걸까?

정치학과 국제 관계학을 전공한 크리슈난 교수는 군사기술의 혁신과 함께 두 가지 중요한 책임(표적을 공격할지 말지 결정하는 일과 목표물이 타당한 공격 대상인지 판단하는 일)을 인간이 아닌 기계에게 맡기려는 경향 때문에 생기는 윤리적, 법적 문제들을 분석했다. 이렇게 보면 자율무기(그중 군사로봇이 점점 큰 비중을 차지하고 있다)는 인간으로부터 책임을 떼내어 자동 시스템이나 인공행위자에 "떠넘기려는" 목적을 지닌 무기들이라 할 수 있다. 이런 시스템들은 인간의 지속적인 감시나 통제 없이도 공격과 대응 등의 행위를 스스로 결정하기에 자율적이다.

크리슈난은 "인간을 죽이거나 상해를 입히는 행위를 우리 통제를 벗어난 장치들에게 떠넘기는 것이 타당한가?"라는 윤리적 문제를 제기한다. 사실 이런 행위들이 새삼스러운 건 아니다. 적을 포획하거나 죽이기 위해 함정을 파던 시대부터 이런 문제는 존재해 왔다. 바뀐 게 있다면 이런 장치들이 보다 정교하고 지능적이고 강력해졌다는 점이다. 대부분의 현대 무기들은 예전처럼 단순하거나 수동적이지 않아서 적이 함정에 빠지거나 지뢰를 밟을 때까지 기다려주지 않는다. 이 무기들은 언제든지 선제공격을 하거나 반격할 준비를 갖추고 있다. 더 심각한 것은 (이는 크리슈난이 강조하는 점이기도 하다.) 자율적 장치들이 인간을 대신해 군사작전을 이끄는 일이 점점 많아지고 있다는 사실이다. 다양한 무기들이 전투요원들과 실시간 작전을 주고받으며 오직 기계들만이 분석 가능하고 신속하게 대응할 수 있는 정보들을 만들어내고 있다. 병사들이나 현장의 지휘관들은 자신이 제어할 수 없는 산더미 같은 정보들을 컴퓨터 시스템으로부터 전달받아 그중 하나를 선택할 뿐이다.[191] 물론 기계의 제안을 승인하거나 거부할 권한이 있다는 점에서 권력은 여전히 인간들에게 있다. 하지만 이런 시스템이 지휘관들의 책임을 덜어주는 것 이상의 영향력을 지닌다는 점만은 분명하다. 작전에서 실패할 경우 강력한 자율장치가 옆에 있었는데도 자기 결정에 따라 행동했다는 사실이 질책 사유가 될 수도 있는 것이다. 이렇게 정보의 관리와 결정을 자동화 시스템에 의존하는 경향은 지휘관이 반드시 기계의 결정을 따라야 할 의무가 없을 때에도 기계가 모든 권한을 행사하는 구조를 낳는다.

크리슈난은 결국 인간이 주도하고 책임질 수 있는 영역이 점점 줄어들 것이라고 예측한다. 죽일 것인가 살릴 것인가, 누구를 죽일 것인가, 어떤 상황에서 죽일 것인가 등의 결정권이 자율적(인간의 통제를 벗어났다는 의미에서 자율적이다) 시스템으로 넘어가는 것이다. 하지만 크리슈난의 이런 주장을 기술혁신을 거부하거나 제한하자는 주장으로 받아들여선 곤란하다. 크리슈난은 경제적, 정치적 이유로 자율무기의 발달이 가속화되리라는 예측에 동의한다. 자율무기 경쟁이 지속되는 한 인간에게 부여됐던 책임과 결정권의 많은 부분이 불가피하게 자율적 시스템으로 넘어가게 될 것이다. 전장의 지휘권이 기계로 넘어가는 문제도 당분간은 어쩔 수 없다.[192] 하지만 이런 이유 때문에라도 책임을 양도하는 일의 윤리성이나 타당성은 따져보아야만 한다. 그러면 이런 변화에 우리가 어떻게 대응해야 할까?

자율성을 지닌 군사로봇의 윤리

자율로봇 전문가인 로날드 아킨Ronald Arkin의 최근 저서들은 크리슈난의 질문에 대한 대답으로 보인다.[193] 그는 묻고 있다. "어떤 상황에서 로봇이 사람을 죽이는 것이 도덕적일 수 있을까?"[194] 물론 그가 자율 시스템에게 인간을 죽일 수 있는 권한을 이양하는 것이 적법하다고 말하지는 않는다.[195] 다만 그는 이를 불가피하고 자연스런 일이라고 보며 이런 권리를 인간에게 맡기는 것보다 인공행위자의 책임 아래 두는 것이 훨씬 이롭다고 믿는다. (그 이유는 곧 살펴볼 것이다.) 크리슈난이 살상행위를 자율적 시스템에 맡기는 일의 윤리성을 문제 삼은 데 반해 아킨은 인공행위자의 살상행위가 윤리적으로 인정될 수 있는 상황과 그렇지 않은 상황을 구분하려 한다. 그리고 책의 후반부에 가서는 자율적 군사로봇의 살인과 폭력을 윤리적으로 통제하기 위한 정교하고 엄격한 프로토콜을 제안한다.

    아킨의 기획은 로봇에게 살상을 허용할 것인지, 어떤 조건에서 그런 권리나 권한을 부여할 것인지에 있지 않다. 그의 고민은 어떻게 하면 이런 행위들이 '항상' 윤리적이라 여겨지는 일정한 규범에 맞춰 행해지도록 할까에 있다. 그가 말하는 규범은 결국 전쟁에 관한 국제법이나 (미국의) 군사규범, 특히 적을 살상할 수 있는 상황을 규정한 교전수칙과 같은 것들이다. 아킨은 살상무기가 합법적으로 사용될 수 있는 상황은 당연히 존재하며 어떤 상황에서 언제, 어떻게 무력을 사용해야 타당한지를 합의하는 규범도 존재한다고 확신한다. 그의 목표는 살상의 권한을 부여받은 자율 로봇이 인간의 지속적인 감시와 통제 없이도 늘 완벽하게 규범을 준수하도록 하는 것이다.

그가 전투 상황에서 자율적 인공행위자가 인간보다 도덕적으로 탁월하게 행동할 수 있다고 주장하는 건 다음의 두 가지 이유에서다. 먼저 이들에겐 공포, 증오, 복수심, 명예욕 따위가 없으며 이런 감정 때문에 판단력이 흐려지지 않는다. 로봇들은 욕망이나 감정이 없기에 전투에 투입되었을 때 인간 병사들처럼 잔인해지거나 비이성적인 결정을 내리지 않는다. 두 번째는 앞에서도 이야기한 바와 같이 누군가 나쁜 마음을 먹고 시스템을 조작하지 않는 한 로봇은 자신에게 입력된 윤리규칙들을 따를 수밖에 없다. '윤리적' 로봇은 전쟁법규나 교전수칙 등에 위배되지만 않으면 모든 것에 우선해 주어진 명령을 따른다. 물론 오작동이나 불확실한 정보 등에 의한 기술적 실수의 가능성은 있다. 하지만 통제 시스템만 잘 갖춰지고 제대로 작동된다면 원칙에 따라 행동하도록 맞춰져 있는 로봇이 윤리적으로 오판할 가능성은 없다.

아킨이 말하는 인공행위자들의 최대 장점은 "인간들처럼 오류와 착각에 빠질 자유나 약점을 가지고 있지 않아" 윤리적으로 행동할 수밖에 없다는 것이다. 그러나 불가분의 관계에 있는 이 '약점'과 '자유'는 우리의 행위를 제어하는 윤리 시스템을 고안해야 하는 이유이기도 하다. 아킨이 로봇을 '윤리적으로' 탁월하다고 보는 건 일단 윤리적으로 행동하도록 프로그램 되면 다른 방식으로는 행동할 수 없기 때문이다.

> 로봇은 스스로 숨겨진 도덕성의 원칙을 추론할 필요가 없으며 그것을 적용만 하면 된다. 특히 전투로봇은(인간 병사들도 마찬가지만) 치명적인 무력을 사용하기 위해 자기 신념으로부터 결과를 추론해내기보다 인간들이 이미 추론해낸 전쟁규범과 교전수칙에 있는 규범들을 적용하는 것이 바람직하다.

요약하자면 우리가 원하는 것은 순종적이고, 잘 훈련되고, 규율이 잡혀 있으며, 스스로 생각할 줄 모르는 로봇이다. 풀어서 말하면 전쟁법규와 교전수칙을 엄격하게 지키며, 명확히 정해진 업무(적의 위치나 병력을 파악하여 적절하게 대응하는 등)에서만 자율적인 로봇들이다. 이 점에서 로봇은 확실히 인간 병사보다 뛰어나다. 로봇들은 강인하고 두려움이 없으며 빠르고 정확하다. 더구나 전쟁규범이나 교전규칙을 절대 위반하지 않는다. 한마디로 이들은 가장 이상적인 군인들이다.

아킨의 주장은 크리슈난이 말한, 기술적 발달의 과정에서 반드시 나타나기 마련인 두 가지 경향을 반박하기보다 보완하는 입장이다. 첫째로 그는 죽일 것인지 위협만 가할 것인지 하는 결정을 인간에게 맡기기보다 자율적 인공행위자들에게 양보하는 것이 유리하다고 본다. 크리슈난이 우려했던 문제에 대해 아킨은 환영하는 입장을 보인다. 하지만 이는 아킨의 계획 속에 숨겨진 의도를 가장 잘 보여주기도 한다. 두 번째 쟁점은 이러한 양도가 소수의 인간 행위자들에게 결정권을 집중하고 완벽한 명령체계를 구축하려는 의지를 반영하고 있다는 점이다. 조금 과장하자면 아킨이 제안하는 '윤리적' 로봇에는 군 수뇌부들이 꿈꾸는 병사들의 모습이 투영되어 있다. 이들은 바로 완벽한 상명하복의 규율에 복무하는 병사들이다. 더 깊이 분석해 보면 늘 복종하며 컴퓨터처럼 실수를 용납하지 않는 무결점의 병사들을 원하는 심리 속에는 강력한 지휘권으로 전투의 불확실성을 피하려는 군 수뇌부의 염원이 반영되어 있다.

지금 이야기는 단순히 역사발전의 단계에서 우리가 어디쯤 위치해 있는지를 설명하려는 것이 아니다. 또한 아킨의 로봇들처럼 단순하고 맹목적인 시스템에 삶과 죽음의 결정을 맡겨야 한다는 기술결정론을 말하려는 것도 아니다. 우리가 말하려는 것은 자율적 시스템에게 선택권을 양도하는 행위 속에 "소수의 행위자들에게 결정권을 몰아줌으로써 정치적 도덕적 권력을 집중시키려는 의도가 들어있다"는 매우 정치적인 문제에 대해서다. 정치적 쟁점과 도덕적 쟁점은 늘 밀접하게 연결되어 있다. 살상의 결정권을 인간에게서 빼앗아도 되는지에 대한 도덕적 딜레마에는 결정권을 소수에게 집중하고 명령에 절대적으로 복종케 하려는, 정치적 목적과도 밀접한 관련을 지닌 의도가 숨어 있는 것이다. 이는 모든 군대들이 추구하는 '명령과 복종의 전략'[196]과도 일치한다.

이러한 경향은 군사 분야에만 한정되지 않는다. 우리 사회생활의 어디에서나 이런 모습은 발견된다. 인간 행위자로부터 결정권을 빼앗아 인공행위자에게 맡기는 프로세스는 대량 정보를 신속하게 처리할 수 있다는 장점과는 별개로 정보전문가, 기업가, 군사 지휘관 등 군사로봇의 행동규칙을 만들고 적용하는 소수 엘리트 집단에 힘을 집중시키는 결과를 가져온다. 일상 속에서 우리는 자문해주고, 해결책을 찾아주고, 스스로 문제를 제기하는 많은 인공행위자들과 함께한다. 로봇 윤리나 기계 윤리를 통해 인공행위자들의 결정권을 제한하는 일은 그들과 함께하는 인간들의 권한을 제한하는 것이기도 하다. 기계들에게 권한 대신 복종과 제약의 규율을 부여하면 간접적으로 (그러나 확실히) 인간의 선택 능력은 축소되기 때문이다.

이렇게 본다면 아킨의 기획을 단순히 군대의 명령체계 문제로 볼 수만은 없다. 그의 제안은 '간접적으로' 누군가의 재량권을 제한하는 데에 목적을 두고 있다. 인간이 '자율적' 기계에 입력된 규칙을 거부하지 못하고 따라야 한다는 건 곧 기계에 얽매여 전략적 선택의 폭이 축소된다는 뜻이기도 하기 때문이다. 아킨의 기획은 로봇뿐만 아니라 그들에게 명령을 내리는 지휘관들의 행동까지 통제하는 윤리를 만들어낼 수밖에 없다. 하지만 이런 윤리 전략은 행위의 합리성에 바탕을 두는 대신 사람이나 인공행위자들이 도덕 규율에 맞춰 행동할 수밖에 없는 환경을 만드는 전략을 취한다. 이런 전략은 규칙을 따르

수밖에 없도록 제작된 인공행위자에게 직접 적용되며, 명령행위의 주체인 인간에게 간접적으로 적용된다. 즉 자율적 군사로봇에게 일률적으로 적용된 규범이 다시 군 지휘관들로 하여금 전쟁법규나 교전수칙에 맞춰 행동할 수밖에 없도록 하여 전략의 폭을 제한하는 효과를 가져오는 것이다.

하지만 아킨도 군대의 지휘체계가 이론처럼 간단하지 않다는 사실을 잘 알고 있다. 지휘부에서 그의 제안을 받아들인다 해도 현장의 장교나 지휘관들은 상황이 급박하다는 이유로 규범을 무시하고 자신의 판단에 의존하려 할 것이 분명하기 때문이다. 때론 로봇들이 윤리적 규범의 한계와 명령체계를 무시하고 행동하도록 조작하는 일도 가능하다. 이에 아킨은 위급상황에서의 대처 방법과 혹시 일어날 수 있는 직권남용을 차단하는 방법을 제안한다. 핵미사일 발사 통제 규약에서 힌트를 얻은 이른바 이중잠금 시스템이다. 상황에 따라 로봇 행위의 윤리적 잠금장치를 해제할 수 있게 하되 그 절차를 아주 까다롭게 만들자는 것이다.

이러한 조치는 살상의 결정권이 여전히 인간에게 있음을 보여준다. 즉 자율 시스템의 행위를 윤리적으로 제어하고 필요하다고 판단될 때 언제든지 제어장치를 제거할 수 있는 결정권을 인간에게 준다는 것이다. 윤리적 자율성을 지녔다고 판단되는 군사로봇은 사실상 복종밖에 모르며, 인간 행위자가 마음만 먹으면 언제든 '윤리적 모듈'을 해체할 수 있는 기계노예에 불과하다. 이는 아킨의 논리가 지닌 약점을 그대로 보여준다. 행위자들이 아무런 도덕적 추론도 거치지 않고 특정 도덕 규칙에 따라 행동하도록 하는 것이 주된(또는 유일한) 목표라는 점에서 아킨의 기획은 발상부터 권위주의적이다. 행위자들이 늘 도덕 규칙에 맞게 행동하도록 아킨은 로봇의 경우엔 행동을 직접 조절하고 인간의 경우엔 상황에 복종할 수밖에 없는 상황을 만든다. 후자의 목표는 명령권자들이 비윤리적인 결정을 내릴 수 없는 환경을 만드는 것이다.

이 두 가지 의도(살상 행위를 인공행위자들에게 양도하고 결정권을 극소수에게 집중시키는)를 부추기는 요인들은 여러 가지가 있다. 그중 첫 번째는 기술이다. 자율 시스템은 인간보다 빠르고 정확하며 훨씬 많은 양의 정보를 처리할 수 있다. 두 번째는 경제성이다. 무인 조종 비행기에 드는 비용은 비슷한 모델의 유인 조종 비행기에 들어가는 비용의 십분의 일 수준이고, 전투 로봇에 드는 비용 또한 군인의 월급이나 유지비용보다 훨씬 적다. 세 번째는 정치적 고려이다. 병사들의 죽음은 언제나 정치적 파문을 불러일으킨다. 처음엔 전쟁에 호의적이던 언론들도 사건이 일어나면 파병이나 군사개입의 정당성에 다시 의문을 제기한다. 하지만 로봇은 정치적 부담이 덜하다. 즉 얼마든지 희생되어도 괜찮다! 네 번째는 순수한 군사 문제다. 국가 간의 군비경쟁은 역사적으로 관례화되어 있다. 이제 군용 로봇이나 자율무기까지 여기에 포함되게 되었다. 자율무기 경쟁에 참여하지 않는 나라들은 이제 약소국으로 비쳐질 수밖에 없다. 게다가 이런 무기들을 통해 권력을 독점할 수 있다는 생각은 권력의 정점에 이르길 원하는 사람들을 매혹시킨다. 완벽하고 일사불란한 명령체계를 지닌 조직에 대한 환상은 권력을 지향하는 인간에게 저항할 수 없는 유혹이며 이미 본 바와 같이 군조직의 이상이기도 하다.

이런 고려들이 전투로봇과 자율무기들에 살상의 권한을 주고 그 결정권을 소수의 사람들이 독점케 하는 합당한 이유가 될 수 있는가는 정치적, 윤리적 고려에서는 전혀 다른 문제다. 적어도 아킨이 이해하는 로봇 윤리에는 이런 질문이 포함되어 있지 않다. 아킨의 대답은 이미 주어져 있다. 살상의 권한을 부여받은 행위자가 자기에게 맡겨진 명령을 존중하고 윤리적 규범에 맞춰 행동하기만 하면 아무 문제도 없는 것이다. 앞에서 본 군사 분야 외의 로봇 윤리 문제에서도 선택권을 인공행위자에게 넘기는 일이 불가피하다고 주장하지만 거기서 생겨나는 권한의 집중 또한 불가피한지에 대해선 묻는 사람이 없다. 솔직히 말해 로봇 윤리에서 결정의 권한이 소수에게 집중되는 것이 정치적으로 바람직한지 도덕적으로 유익한지의 문제는 아직까지 제기된 적이 없다. 아니, 정확히 말하면 기술혁신에 소수에 의한 권력 집중이 동반된다는 사실을 거의 아무도 알아채지 못했다.[197]

이 책의 중심 주제들에 비추어 볼 때 아킨이 말하는 윤리적 로봇 전사들의 우월성이 주로 감정이 없다는 데에서 나온다는 사실은 시사하는 바가 크다. 하지만 로봇공학자들이 자신의 기계들을 (한낱 인간들처럼!) 잔인하게 만들지 않을까 걱정하던 그 감정은 로봇들이 동정심이나 존경심 또는 실수 없이 살상 임무를 수행했다는 긍지를 지닐 수 있는 바로 그 감정이기도 하다. 만약 이 로봇들에게 최소한의 공감 능력만 불어넣을 수 있다면 이들은 단순한 무기가 아닌 사회적 행위자가 될 수 있을 것이다. 현재 이 자율형 로봇 전사들은 (실은 기계 노예이자 단순한 살인 기계에 불과하지만) 주둔군과 지역민 간의 상호 신뢰나 인정보다는 군사적 우위의 과시를 위해 사용되고 있다. 이라크나 아프가니스탄에서 보듯이, 로봇과 인간의 이런 관계 속에선 전투의 승리만이 평화와 안정적 통치를 보장하는 유일한 길이다.

도덕성과 규율 전략

아킨의 군사로봇 윤리는 진정한 윤리나 도덕의 원칙이라기보다 행동 관리 기술로 보여진다. 아킨의 전략은 자율적 인공행위자들이 규범을 존중하고 따르지 않을 수 없도록 하는 데에 있다. 이와 조금 다르지만 본질적으로는 같은 전략이 자율성을 지닌 인간 행위자인 군 결정권자들에게 적용된다. '윤리적' 로봇들을 대거 도입하는 목적은 지휘관들이 전쟁법규나 교전수칙에서 벗어나 행동할 수 없는 환경을 조성하기 위해서다. 모든 것이 계획대로만 이루어진다면 그들은 도덕적으로 행동하지 않을 수 없게 된다.

아킨은 로봇들이 몸 안에 내장된 제어장치가 요구하는 규범대로만 행동하면 그 행위 또한 윤리적일 것이라 믿는다. 로봇 기획자들이 가능한 행동 범위들을 계산해 어떤 상황에서 어떤 행동을 허용하고 불허할지 결정할 것이기 때문이다. 일단 이런 윤리적 규정만 만족시키면 실제 로봇의 행동이 어떤 결과로 나타나도 그 행위는 도덕적일 것이라 보는 것이다.[198] 다시 말하면, 군사로봇들의 도덕성은 자신과의 관계 속에서만 형성되기 때문에 반성이 필요 없게 된다. 로봇의 도덕성은 그들에게 부과된 규범들이 허락하는 행위들과 연결되는 이론적 공간에서만 유효하다. 그들의 행동 결과로 벌어지는 일들은 그들과 아무 상관이 없는데, 왜냐하면 이는 군사 윤리와 아무 관련이 없기 때문이다.

지금 존재하는 모든 종류의 로봇 윤리란 것들이 모두 이런 논리 구조를 가지고 있다. 행위의 도덕성을 규정할 때 요구되는 것은 오직 로봇이 자기에게 부과된 규율을 따르는가 하는 것뿐이다. 일단 목적했던 결과에만 도달하면 과정은 문제가 되지 않는다. 행위자가 규율을 따랐다면(더 정확히는 규율에 맞게 행동했다면) 그것은 도덕적인 것이다. 이런 결과를 지속적으로 얻어낼 수 있는 가장 확실한 방법은 어떤 상황에서도 행위자가 규정에 새겨진 대로 행동할 수밖에 없게 만드는 것이다. 따라서 로봇들에게 도덕적 행동이란 규칙에 행위자가 공감하거나 동의하는 절차 없이 외부로부터 미리 주어진 도덕성의 규칙에 맞게 행동하는 것이다. 이렇게 행동한다면 자유의지에 의해서든, 강제력에 의해서든, 아니면 다르게 행동할 능력이 없어서든 행위자는 똑같이 도덕적으로 행동한 것이 된다. 행위자의 행동을 규율하는 모든 수단들은 규범 자체와 부딪치지 않는 한 도덕적으로 바람직하고 정당하다.

이렇게 본다면 로봇 윤리에서의 윤리는 자율성을 전제로 하는 현대 철학에서의 윤리와 전혀 다른 의미로 사용되고 있다. 철학에서 윤리는 행위자가 달리 행동할 수 있다는 걸 전제로 한다. 즉 그는 비도덕적으로 행동할 수 있으며 도덕적으로 행동할지 말지를 선택할 권한이 있다. 이런 선택을 거쳐 다르게 행동할 수 있어야 그의 행동은 도덕적일 수 있다. 피터 스트로슨Peter Strawson과 이사야 벌린Isaiah Berlin이 정확히 지적했듯이 자유의지가 전제되지 않은 도덕은 논할 가치 없는 허상일 뿐이다.[199] 여기에서 우리가 얘기하려는 것은 로봇에게 적용되는 결정론에 관한 것이 아니다. 이런 결정론은 자유의 윤리학이 왜 로봇들에게는 해당되지 않는지 설명하는 근거로 사용되었지만 이상하게도 인간은 여기서 제외되었다. 로봇과 달리 인간은 윤리적이기 위해 대안들 중 하나를 선택할 수만 있으면 됐다. 하지만 지금 로봇 윤리가 행위자로부터 빼앗으려는 것이 바로 이 선택의 가능성이다.

여기서 문제의 핵심은 (자연적이든 인공적이든) 자율적 행위자가 모든 행위를 규율에 따를 수밖에 없음으로써 자신이 주체인 행위를 도덕적으로 판단할 능력을 박탈당했다는 것이다. 이런 조건은 군사 로봇들에만 해당되는 게 아니다. 월러치와 알렌이 『도덕 기계』에서 분명히 보여주었듯이, 서로 다른 행동강령을 가진 여러 버전의 윤리학들이 로봇들이 언제 어떤 상황에서든 미리 짜인 규칙에 따라 행동하도록 하는 동일 전략을 구사하고 있다. 이제는 우리 앞에는 주어진 상황에서 로봇들에게 어떤 규정을 적용해야 하는가라는 커다란 기술적 난제들이 가로놓여 있다. 그러나 이런 문제들이 해결된다 해도 내부에 심어진 도덕규범을 따를 수밖에 없는 인공행위자들이 윤리적이

될 수는 없다. 이들은 언제나 규율에 따라 행동할 뿐이다. 그 결과에 대해 우리는 윤리적으로 바람직하다고 판단할 수도 끔찍하다고 판단할 수도 있다.

지금까지 정말 도덕적이라 여겨지는 자율 로봇이 존재한 적이 없었던 것은 단지 기술적인 문제 때문만은 아니다. 아킨의 규율 전략이 잘 보여주듯이 (그리고 적어도 지금까지 논의됐던 모든 로봇 윤리들이 동의하듯이) 현재의 로봇은 우리가 원했던 그 로봇이 아닌 것이다. 따라서 현재의 로봇 윤리들이 진짜 윤리가 아니라고 말하더라도 놀랄 필요는 없다. 아킨이 다루는 윤리는 흔히 생각하듯 로봇들에게 옳고 그름을 가르치는 게 아니라 그의 책 제목이 얘기해주듯이 인공행위자들의 자율적이라 여겨지는 행동을 통제하고 결과를 관리하는 것이다. 그러므로 오늘날 자율적 행위자들에게 결정권을 위임함으로써 생기는 문제들은 엄밀히 말해 윤리적이라기보다 법적, 정치적 문제들이다.

지금도 끊임없이 생산되고 있는 자율적 인공행위자들을 모두 대리로봇이라고 말하기는 힘들다. 군사로봇들은 적을 식별하고 궤적을 탐지하고 파괴하는 등 특수한 임무를 수행하는 무기들일 뿐이다. 군사로봇에 윤리를 적용하려는 애초 목적은 이들이 국제사회에서 전쟁법규가 금지하는 무기들, 이를테면 독가스, 세균무기, 대인지뢰 같은 반인륜적 무기들로 사용되지 않도록 하는 데 있었다. 물론 대전차 미사일처럼 국제법이 허락하는 무기들이라고 윤리적인 것은 아니다. 지금 우리가 다루고 있는 것이 바로 이런 범주의 오류들이다!

로봇 윤리학은 기계들을 마치 행위주체인 양 윤리적으로 관리하려 한다. 사람들은 로봇들에게 순응할 수밖에 없는 규칙을 부여함으로써 도덕적으로 만들려 한다. 그러나 사실상 로봇들은 개별 행위자로 볼 수 없다. 그들은 복잡한 기술적 시스템이 작동하는 순간 행위자의 일부이거나 (군대에 대한 인식이 그렇듯이) 자기가 속한 부대의 사회적 기계의[200] 한 부분으로 존재할 뿐이다.

아킨의 윤리가 로봇들에게 요구하는 것은 그냥 기계장치의 일부가 아닌, 가장 이상적인 일부로서 기능하는 것이다. 이는 다른 모든 인공행위자들에게도 적용된다. 세상의 모든 윤리가 지향하는 바는 단순한 의사, 중개인, 은행원, 치료 보조사가 아니라 완벽한 의사, 중개인, 은행원, 치료 보조사가 되는 것이다. 다시 말하면 직분이나 업무에서(또는 자신에게 맡겨진 아주 작은 일에서) 언제 어느 상황에서든 법과 윤리규정을 준수하는 일꾼이 되는 것이다. 이런 윤리는 상급자를 만족시키는 하급자의 이상적 모델, 즉 언제나 주어진 대로 명령을 수행하는 일꾼의 전형적인 모습이다.

행위와 자율성

자율적 행위자들은 어떤 행위를 한다. 그리고 이 행위는 좋건 나쁘건 세상에 영향을 미친다. 예를 들어 여러분의 카드 사용내역 정보에 따라 인출을 결정하는 은행 알고리즘은 말 그대로 행위에 해당한다. 거대하고 복잡한 은행 시스템의 일부를 이루는 현금지급기는 당신에게 돈을 지급하거나 거절하며 때로는 당신의 카드를 삼켜버리기도 한다. 이때 시스템의 행동을 윤리적으로 만드는 것은 이를테면 당신의 현 재정 상태나 지급 거절이 당신의 가족에게 미칠 영향에 대해 추가 정보를 제공하는 일 등에 해당할 것이다. 기계는 이 인출 요구가 사기일 가능성까지 고려하여 규정대로 결과를 도출해낸다. 이 경우 도덕적 행위는 정상적인 지급 행위가 될 것이다. 은행의 입장에서도 손님이 필요할 때 돈의 인출이나 기타 서비스의 접근을 거절하지 않는 것은 거래의 안전을 지키는 것만큼 중요하다.

그런데 이런 복잡한 시스템이 하는 행위 중 순수한 의미에서 '윤리적'이라 할 수 있는 일은 무엇일까? 두 가지가 떠오른다. 하나는 선량한 고객의 이익을 보호하는 일이고 또 하나는 자기 재산에 접근할 권리를 방해 없이 보장받는 일이다. 이 시스템은 금융사기를 막고 은행계좌의 합법적 당사자에게만 접근을 허용하는 임무를 수행하면서 경찰의 역할과 은행 창구 직원의 역할을 동시에 수행한다. 만약 사람이 자기 임무를 올바로 수행하는 것을 도덕적이거나 윤리적이라 한다면 같은 일을 수행하는 인공행위자도 윤리적이지 않을 이유는 없다. 그런데 문제는 여기에 있다. 이 자율행위자는 인간과 같은 일을 하는 것이 아니라 같은 결과에 도달할 목적으로 만들어진 기계일 뿐이다.

더구나 이 자율적 인공행위자는 자기 행위의 결과에 완전히 무관심하다. 이들은 자신이 따를 수밖에 없고 결과에 합당하다고 여겨지는 규정만을 따른다. 아킨의 군사 윤리가 잘 보여주듯 자율 기계들에게 스스로 결정할 수 있는 능력을 양도하는 일은 이 기계들의 행위 규칙을 구상하고 만들어낸 사람들에게 결정권을 양도하는 것과 같다. 은행 자동화기기 같은 경우엔 큰 문제가 없다. 왜냐하면 사기로부터 우리 재산을 보호해야 한다는 점이나 인출 규정의 정당성에 이미 공감대가 형성되어 있기 때문이다. 여기엔 단지 기술적 문제가 있을 뿐이다. 알고리즘이 너무 '엉뚱한' 짓을 하거나 고객을 보호한다는 명분으로 예금에 대한 적법한 접근을 (너무 자주) 막지만 않는다면, 그리고 부당한 거래를 알아차리는 데 (너무 빈번하게) 실패하지만 않는다면 별 문제는 없다. 하지만 군사로봇의 경우엔 문제가 훨씬 복잡하다. 교전수칙의 타당성이나, 위급 상황에서 결정권자들이 개입할지 여부 등에 대해선 의견이 엇갈릴 수 있기 때문이다. 더 심각한 건 군사로봇의 살상행위를 허용하는 규칙이나 이런 로봇을 개발해야 하는지에 대한 정치적 토론 과정이 전무했다는 점이다. 군사로봇에게 언제, 어떤 상황에서 치명적 무기를 사용할 것인지의 결정권을 넘긴다는 것은 (기계가 아닌) 다른 누군가에게 권한을 넘기는 것과 같기 때문이다.

    아킨이 바로 보았듯이 자율적 인공행위자가 우리를 위해 뭔가를 결정한다는 건 곧 우리의 결정을 가로막는 것과도 같다. 우리가 다르게 결정할 가능성을 차단하기 때문이기도 하지만 스스로 결정하고 행동에 옮김으로써 우리가 행동할 여지를 남기지 않기 때문이기도 하다. 때론 명령을 철회하거나 인공행위자들의 행동을 되돌려야 할 경우도 생긴다. 하지만 그것이 늘 가능하진 않다. 이 문제를 해결하기 위해 아킨은 대비책을 내놓았다. 인간 조종자들이 군사로봇에게 부여했던 윤리적 제약을 일시적으로 해제하여 본래 할 수 없도록 프로그램화된 행동을 일시적으로 허용하는 것이다. 전투가 치열할 때 전쟁법규나 교전수칙을 엄격하게 고수하면 오히려 끔찍한 재앙을 낳을 수 있다. 이때 자율적 행위자들에게 수칙을 그대로 따르게 해야 할지 말아야 할지 지휘관은 도덕적 딜레마에 빠진다. 하지만 한치 앞도 내다볼 수 없는 전투상황에서는 결정을 망설일 시간이 없다. 아킨의 대비책이 제대로 실행되기 힘든 이유가 여기에 있다. 절차가 너무 까다로워 실행하기까지 시간이 너무 오래 걸리는 것이다.

하지만 평화로운 일상에서는 사정이 다르다. 금요일 저녁 자동화기기가 당신의 카드를 삼켜버렸다고 가정하자. 월요일 아침 은행 지점으로 찾아가라고 일러줄 것이 뻔한 긴급전화 번호를 누르는 일 외에는 달리 방법이 없다. 월요일 은행을 방문해도 답답한 창구직원 앞에서 신원을 확인하고 통장 잔고를 조회하고 주거래은행으로부터 필요 서류 사본을 전달 받는 절차를 밟아야 한다. 때론 개인적으로 안면이 있는 은행 관리인을 호출해야 할지도 모른다. 하지만 자율행위자는 이렇게 꽉 막힌 직원들보다도 더 융통성이 없으며 애원이나 협박도 통하지 않는다. 사실 이런 융통성을 차단하려는 것이 자동기계들의 존재 이유다. 은행 직원은 온정이나 친밀감 때문에 은행의 이익에 반하거나 잘못된 판단을 할 수도 있기 때문이다.

우리 대신 결정을 내리는 인공행위자들은 다른 선택의 가능성을 애초에 막아버림으로써 우리 행위를 구속한다. 이는 오늘날 우리들이 왜 인공행위자들을 선호하게 되었는지 설명하기도 한다. 인공행위자들의 확산으로 생기는 문제들이 윤리적이라기보다 정치적이라 말하는 이유도 여기에 있다. 그중 첫 번째로 대두되는 정치적 문제는 누가, 어떤 권리로 어떤 규정을 가지고 인공행위자의 행동과 선택을 제약하고 그로 인해 인간의 행동과 선택권까지 제약하는가이다. 두 번째는 인류학자이자 정치사상가인 데이비드 그레이버^{David} ^{Graeber}가 말한 "규칙의 유토피아"[201]와 관련이 있다. 인공행위자들이 늘어나면 일상의 업무를 제한하고 통제하는 규칙이나 규정들도 늘어난다. 이런 규칙들은 자동차를 사거나, 비행기 표를 끊거나, 택시를 부르거나, 수학여행을 계획하는 등의 일에서 예전에는 규범화되지 않았던 일상의 모든 분야까지를 일일이 통제한다. 물론 인공행위자들이 우리들의 생활에서 점점 비중이 커지는 관료화의 유일하거나 일차적인 책임자라고 말하는 건 아니다. 반대로 관료화가 우리를 인공행위자에 의존하도록 만들었다고도 볼 수 있다. 그래도 인공행위자의 의존이 우리 생활의 모든 분야에서 관료화를 부추기는 데에 한몫을 한 것은 사실이다. 로봇 윤리에서 보았듯이 이런 현상들을 윤리 문제로만 보는 것은 문제의 핵심을 피하고 우리 스스로를 관료적 규율 속으로 몰아갈 뿐이다.

    자율적 행위자들이 인간의 행동을 제약한다고 이를 음모론이나 기술결정론으로 해석하는 것은 문제 해결에 도움이 되지 않는다. 오히려 기술 발전 자체가 사회적 선택을 통해 이런 경향을 반영한 것이라 보아야 한다. 이 모두는 보다 능률적으로 일을 처리하고, 물건을 더 많이 팔고, 도둑질이나 사기로부터 스스로를 보호하고, 기업에서 보내는 모든 편지의 형식을 통일하고, 최고의 상품으로 고객들을 유혹하려 애쓴 결과이며 정부나 기업들이 모두 자기 일에 최선을 다하라고 독려한 결과이다. 관료화란 같은 일을 같은 방식으로 처리함으로써 업무 효율을 높이려는 노력이다. 획일화 경향은 필연적으로 자율적 행위자에 대한 의존도를 높이며 이런 의존은 다시 획일화라는 필연적인 결과를 가져온다.

부분적 행위자의 지능화와 자율화

앞에서도 다루었지만 인공 지능체들을 대리로봇들과 구분해주는 큰 특징은 이들이 개체가 아니라는 점이다. 게다가 이들은 물체로 이루어져 있지도 않다. 이런 인공행위자들은 보통 복잡한 환경을 감지하고 자율적으로 반응하는 컴퓨터(정보처리) 정보 단위^{entity}로 되어 있다. 이런 인공행위자들은 연속된 부호로 이루어져 수많은 복사본이나 '인스턴스^{instance}'의 형태로 존재하는 컴퓨터 프로그램인 경우가 많다. 이런 경우 은행 알고리즘의 어느 부분이 당신이 요청한 업무를 취급했는지 알기가 쉽지 않다. 즉 인터넷뱅킹의 분산 시스템(클라우드 컴퓨팅) 중 행위자가 어디에서 행위를 수행했는지(어디쯤에서 지불을 허용할 것인지 거절할 것인지 결정하는 연산이 이루어졌는지) 알 길이 없다. 이러한 인공행위자는 개체로 보기 힘들며 삼차원의 물체라고 볼 수도 없다. 즉 물리적으로 식별하거나 확인할 수 있는 대상이 아니다.

앞으로는 이런 행위자를 통틀어 '분석적 행위자analytic agent'라고 부를 것이다. 이 행위자는 결정이 이뤄지는 복잡한 행동 시퀀스 가운데 수리 분석적인 한 순간을 표현한다는 점에서 분석적이다. 다시 말해 이 코드의 특정한 비트(즉 프로그램의 일부)가 지워지면 시스템은 지금까지 해왔던(예를 들어 당신의 계좌내역을 열람하는 등의) 일을 할 수 없게 된다. 따라서 이 코드의 조각이야말로 행위자이고 문제의 행위를 수행하는 '무엇'이다. 그렇지만 물질적인 면에서만 본다면 이들은 분명 행위 없는 행위자들이다. 동떨어진 부호의 일부로는 이들이 무언가를 행했다고 할 수 없다. 이들이 뭔가 행했다고 말할 수 있는 경우는 은행자동지급기나 현금수송트럭 같은 물리적 형체를 지닌 기계들이나 다른 인공지능들(인터넷, 데이터뱅크, 은행거래를 관장하는 프로토콜 등)을 포함한 총체적 시스템에 포함되어 있을 때뿐이다. 따라서 분석적 행위자들이 주종을 이루는 이런 시스템들은 수많은 행위자들과 네트워크들이 서로 협력하여 움직이는 하이브리드 시스템이라고 말할 수밖에 없다. 분석적 행위자들이 뭔가 행할 수 있는 것은 이런 종류의 시스템에 포함되었을 때뿐이다. 분석적 행위자가 '거주하며' 자신의 환경을 '인식'하고 자율적으로 행위할 수 있는 환경을 제공하는 곳이 바로 이런 시스템이다. 따라서 우리와 공조하고 상호작용하는 것은 분석적 행위자라기보다 전체로서의 시스템이라 볼 수 있다. 결국 어떤 행위자가 지능을 가졌거나 자율적이라고 말하는 것은 언어의 오용이라고 볼 수밖에 없는 것이다.

이런 분석적 행위자들과 관련하여 드는 의문은 과연 누가 행위자이냐 하는 것이다. 이런 질문은 두 가지 의미로 이해할 수 있다. 먼저 법적인 의미로 상품거래를 결정하고 사격을 개시하고 사이트 접속을 허락하는 책임을 누가 질 것인가 하는 문제이다. 적어도 상거래 부문에서 해답은 문제의 인공지능 행위자들을 포함한 컴퓨터를 사용하고 있는 회사나 다른 개체('운영자')들이 책임자이다. 법적으로 볼 때 프로그램은 단순 도구일 뿐이다. 도구가 오작동을 일으키면 피해를 입은 제삼자에 대한 책임은 보통 운영자에게 있다. 제삼자가 자기 과실을 인정할 때에만 운영자는 법적 책임에서 벗어날 수 있다. 물론 운영자는 결함이 있는 도구를 판매한 프로그램 제작자나 제조사를 고소할 수 있다. 흥미로운 것은 법적 책임 안에 실제 행위를 한 주체가 포함되지 않는다는 점이다. 만약 당신이 공장주이고 폭발사고가 일어나 누군가 피해를 입었다 치자. 비록 당신이 저지른 행위가 아니고(당신이 공장을 폭파시킨 게 아니라면) 엄밀히 말해 누구도 사건의 원인이 될 행위를 하지 않았다 해도 당신은 법적 책임을 져야 한다.

"누가 행위자인가?"라는 질문의 진짜 의미는 "누가 그 행위를 기획했는가?"로 해석할 수 있다. 예를 들면, 누가 당신의 주식을 팔았는가? 또는 누가 인터넷 주식거래 사이트를 통해 내놓은 매수 주문을 수락했는가? 누가 당신의 주식을 사기로 결정하였고, 누가 전자금융거래에 참여했는가? 이에 대한 대답은 특정한 누구도 아닌, '시스템' 전체가 될 것이다. 왜냐하면 시스템의 부분들만으로 특정 개인 또는 개체를 문제의 분석적 행위자와 연결시킬 수 없기 때문이다.[202] 그러므로 어찌 보면 여기엔 행위도 행위자도 없다. 분석적 행위자는 행위

주체로 볼 수 없다. 그것은 과거에 인간에 의해 행해졌거나 오늘날까지도 행해지고 있는 사건의 결과와 같거나 비슷하거나 적어도 공통점이 있다고 여겨지는 사건들이 세상에서 일어나게 하도록 고안하고 제작한 복잡한 시스템의 한 요소이며 부속물이다.

하지만 보통의 다른 행위들과 마찬가지로 행위의 주체가 없는 이런 사건들도 우리 삶 속에 어떤 결과를 가져온다. 앞에서 본 것처럼 인공행위자들이 우리를 대신해 뭔가를 자꾸 행하고 결정하는 것은 결정의 권한이 점점 소수의 행위주체들에게 집중되는 현상을 반영하는 것이다. 경제적인 이유뿐 아니라 분석적(또는 부분적) 행위자들의 기술적 특성상 결정권이 소수에게 집중되는 현상은 금융, 교통, 정보, 생산, 유통 등의 분야에서 유례없이 거대하고 복잡하며 상호 연계된 시스템이 도래할 것을 예고한다.

사회학자인 찰스 페로Charles Perrow가 적절히 지적하였듯이 이러한 복잡한 시스템은 대형사고로 이어질 가능성이 크다. 복잡성이 일정 수준을 넘어설 때 사건 사고들이 자주 일어나는 까닭은 우리가 복잡한 시스템의 행위를 예견할 수 없을 뿐더러 세심하게 통제할 수도 없기 때문이다.[203] 전체로서의 시스템이 어떻게 행동할지 예측할 수 없다는 점은 우리가 인공지능 행위자들을 신뢰하는 이유이기도 하다. 시스템에 힘이 집중되고 거기에 포함된 보조시스템들이 촘촘히 연결되어 있을수록 사고의 결과는 더 끔찍하고 광범위해질 수 있다. 따라서 수많은 인공지능 행위자들이 언젠가 깨어나 자신이 자율적인(즉 우리의 통제로부터 자유로운) 존재라는 사실을 깨닫게 되리라는 상상이 한낱 공상만은 아니다. 이제 페로가 명명한 '정상적 사건 normal accident'[204]을 설명하기 위해 굳이 '특이점'이나 형이상학적 재앙 등을 들먹일 필요가 없다.[205]

이 책의 앞머리에서 이야기했듯이 기계들의 반란에 대한 종말론적 공포는 우리 삶의 곳곳에서 은밀히 활동하는 분석적 인공행위자들에 대한 우리의 이중적 태도를 반영한다. 우리는 이들이 우릴 대신해서 결정해주고 봉사해주길 원한다. 이들에 대한 공포는 그동안 전혀 생각하지 못했던 결과, 즉 인간들의 결정을 기계가 대신해줌으로써 뜻하지 않게 결정권이 소수의 누군가에게 이양되고, 이로 인해 더 강한 권력을 거머쥐게 되었다고 믿던 사람들이 오히려 자신들이 기계들에게 부여한 규율로 인해 권력에 제약을 받게 되는 현실을 왜곡된 모습으로(이제는 주인의 자리를 위협하고 있는 기계들에 대한 새로운 해석을 통해) 보여주고 있는 것이다. 동시에 이러한 공포는 우리가 본능적으로 이원론, 즉 육체로부터 분리되어 있으면서 다른 신체에 깃들어 영원히 살 수 있다는 '순수 정신'의 형이상학적 판타지를 마음에 품은 채 살아가고 있음을 보여준다.

다시 대리로봇

앞에서 다루었던 대리로봇들은 분석적, 부분적 행위자들과 전혀 다른 유형의 기술체들이다. 이들은 비록 반자동 로봇이긴 하지만 하나의 독립된 개체로 공간을 차지하는 삼차원의 물체들이다. 이들은 완전한 동작의 주체는 아니어도 행위나 표현 또는 어떤 임무의 책임자는 될 수 있다. 대리로봇들은 하나의 목표를 위해 존재하지 않는다. 예를 들어 치료 같은 업무를 담당하더라도 대리로봇의 궁극적 목표는 인간 파트너들과 공적이고 구체적인 사회관계를 형성하는 것이다. 대리로봇들이 인간 사회에 진입하면서 윤리적으로나 정치적으로 새로운 문제들이 대두되었다. 이런 문제들은 기업과 고객, 지휘관과 병사 간의 규약이나 규율로는 해결이 불가능한 것들이다. 대리로봇을 기획하는 것 자체가 인간과 소셜 로봇의 상호작용에서 생기는 근본적 윤리 문제와 맞닥뜨린다는 걸 의미하기 때문이다. 이런 질문들에 진지하게 다가가다 보면 윤리라는 문제 자체를 새롭게 사고할 수 있으며, 도덕에 대한 탐구의 방향을 선환힐 수 있다.

앞의 두 장에서는 인간과의 정서공조의 역동관계에서 한 축을 이룰 수 있는 인공행위자를 만드는 일이 곧 인간의 감정표현, 취향, 경향, 기분, 의도, 욕구, 희망 등에 반응할 수 있는 소셜 로봇을 만드는 일이라는 사실을 이야기하려 했다. 이 로봇들은 동시에 자신들의 본래 직업적, 업무적 요구(예를 들면 간호보조나 동반자의 업무 등)에도 반응할 수 있어야 한다. 그런데 이런 진화의 전망을 앞으로 로봇과 인간이 맺게 될 관계의 역사뿐만 아니라 인간들의 로봇에 대한 기대의 변화에도 달려있다. 인간들과 마찬가지로, 로봇들도 사회관계를 맺는 능력에는 한계가 있다. 어떤 사람은 사회성이 뛰어나고 어떤 사람은 특정 업무능력에서 뛰어난 것처럼 로봇들의 능력 또한 저마다 다르기 때문에 모든 사람들과 늘 좋은 관계를 유지할 수는 없다.

그렇다면 대리로봇의 성공 여부는 인간과 다양한 역동관계를 맺으면서 인간의 요구는 물론 특유의 감정표현이나 개인적 욕구에도 응답할 수 있는 로봇 주체들을 만들 수 있는가에 있을 것이다. 그렇게 될 때에만 로봇들은 존재를 인정받고 환영받는 진정한 사회적 파트너가 될 것이다. 이러한 요구는 특히 '개인용 로봇' 분야에서 정서적 회로의 형성을 방법론으로 삼는 연구의 핵심 과제가 될 것이다.[206] 말자하면 로봇이 일단 출시되어 새로운 환경에 진입하면 인간 파트너와 모든 환경을 공유할 수 있어야 한다는 것이다. 미래의 로봇은 사람과 상호작용을 지속하면서 오랜 친구나 지인처럼 자신만의 '개성'을 발전시켜 나갈 줄 알아야 한다. 즉 특별한 환경 속에서도 사회관계의 스타일을 학습하고 발전시켜 나갈 줄 알아야 한다는 것이다. 이런 상호관계는 한 사람과의 관계에만 그치지 않기 때문에 로봇의 성공 여부 또한 각각의 경우에 따라 달라질 수밖에 없다.

우리가 대리로봇들의 행위를 제한하는 윤리 모듈을 장착한다 해도 이들에게 어느 정도의 자유 재량권을 주지 않는다면 진정한 사회적 파트너로서 관계를 유지할 수 없다. 왜냐하면 친분관계를 나누기 위해 자발성은 필수적이기 때문이다. 자유라는 요소가 없다면 인공행위자는 다양한 사람들과 감정 공조를 유지할 수 없다. 이런 의미에서 어떤 상황에서든 지켜야만 하는 규칙들로 이루어진 윤리 모듈은 실용성이 없다. 물론 공조 과정에서 나타나는 행위들에 일정한 제약은 필요하다. 그러나 남녀노소를 포함한 다양한 인간들은 물론 다른 인공행위자들과도 바람직한 공조를 이루려면 로봇들에게도 실질적 의미의 창의성이 필요하다. 즉 여러 상황에서 뿐만 아니라 특별한 '그' 또는 '그녀'와도 서로 다른 방식으로 관계를 맺을 수 있어야 한다는 얘기다.

사회성이나 윤리적 행위를 미리 내장된 규칙들로 모델화할 수는 없다. 하지만 앞에서 논의했던 감정공조의 메커니즘에는 로봇이 상대방의 감정표현에 적절히 대응하기 위해 거칠더라도 최소한의 '에토스'가 내재되어 있어야 한다는 생각이 깔려 있다.[207] 로봇의 공감반응이 제대로 작용하려면 그리고 대리로봇의 사회적 실재감이 상대방에게 적용되려면, 로봇은 어떻게든 인간 파트너의 느낌과 욕구를 자신의 윤리적 관심사에 포함시켜야 하고, 이 관심사는 상호적이라야 한다. 직접적인 양방향 소통이 아직은 머나먼 꿈일지라도, 우리의 로봇들이 단순한 기계 노예에 머물지 않으려면 윤리적 감수성은 양쪽 모두에게 공유되야 한다. 로봇과 인간의 관계에서 도덕성이 양쪽 모두에게 해당되며 영향을 미치지 않는다면, 두 행위자들의 공조 관계는 순수한 의미에서 윤리적이라 할 수 없다. 따라서 인간과 소셜 로봇의 관계는 마치 우리가 반려동물의 행복에 관심을 가지듯 로봇의 행복에 관심을 가지는 수준에까지 이르러야 한다. 인간과 소셜 로봇의 공진화는 '윤리적 발명'이라 부를 만한 발견과 혁신의 과정을 필요로 한다. 대리로봇이라 불리는 인공행위자들과의 판세에서 우리는 현재의 로봇 윤리처럼 도덕적 행동을 강제하기보다 도덕적일 수 있는 상황의 폭과 비도덕적일 수 있는 상황의 폭을 함께 넓혀주어야 한다.

　소셜 로봇이 말 그대로 공감 능력을 지녔다면 윤리적 문제를 미리 규정하는 일은 생각할 수도 없는 일이다. 즉 선험적으로 윤리적이라 규정된 행위의 규칙을 부여하는 것으로는 문제를 해결할 수 없다는 얘기다. 물론 이런 규칙들이 필요할 때도 있다. 이런 규칙들은 예측 가능한 여러 위험들을 피할 수 있게 해주기 때문이다. 하지만 이러한 규칙들만으로는 로봇들로부터 개방적이고 창조적인 행동을 이끌어낼 수가 없다. 사전에 프로그램화된 규정을 통해 아무리 행동을 제약한다 해도 인간-로봇의 상호작용이 이루어지는 순간 예상치 못했던 윤리적 문제들이 불거져 나올 것이 뻔하기 때문이다. 더구나 로봇의 파트너들이 주로 감정적 취약 계층들이라면 이들의 행위를 미리 예측하는 일은 더욱 어려울 것이다.

　이제까지 살펴보았듯이 소셜 로봇공학의 도전은 철학적으로나 과학적으로 우리에게 더 많은 성찰의 과제를 제공해 주었다. 그리고 이런 도전 속에서 우리는 앞의 제3장에서 소개했던 인공적인 방법론을 적용할 새로운 기회를 발견할 수 있었다. 대리로봇들은 이미 새로운 형태의 사회적 공조를 실행하는 단계에 있다. 그리고 이런 행위는 사회적 관계가 진행되는 중에 가치나 윤리적 합의에 이르는 상황에 대한 연구를 가능케 해주었다. 이 새로운 도구를 가지고 우리는 인공의 사회적 행위자들과 접촉하면서 발생할 수 있는 윤리적 혼란을 실증적으로 연구할 수 있을 것이다. 이제 우리는 인지과학과, 동물행동학, 심리학, 인공 심리철학에 덧붙여 '인공 윤리학$^{synthetic\ ethics}$'이란

새로운 방법론에 주목해야 한다.[208]

인공 윤리학은 인간-로봇 관계에서 발생하는 윤리에 대한 현재의 경험적 연구와 전혀 다른 접근방식을 제공할 것이다.[209] 이 연구는 로봇의 기획과 생산 그리고 이용의 증가에 따라 나타나게 될 윤리적 문제들을 다룬다. 이 연구는 누구를 관계 안에 포함시킬 것인가를 가장 먼저 고민한다. 예를 들어 간병 로봇의 경우 간병인, 환자, 환자의 친구, 가족 등이 여기에 포함된다. 또 이 연구는 합당한 윤리적 원칙을 찾으려 한다. 이 원칙에는 자율성, 친절(환자를 위한), 선의(해를 입히지 않음), 공정함 등이 포함된다.[210] 이 원칙을 어떻게 잘 적용할 것인가와 함께 장기적으로 어떻게 사회적 합의를 이끌어낼 것인가도 이 연구의 주요 과제이다.

인공 윤리는 이런 연구의 중요성을 인정하면서 그 밖의 것들에까지 눈을 돌린다. 로봇들이 인간 사회에 들어오고 수용될 때 치료 로봇에 적용되는 것과 같은 인간의 일방적인 편의성이 윤리적 표준이 되어선 안 된다는 것이 우리 주장이다. 과학으로서 인공 윤리가 지니는 장점은 기계와 사용자, 인간과 로봇이 윤리적 입장을 주고받을 때 나타나는 영향을 상호적 입장에서 살펴볼 수 있다는 것이다. 이 연구가 실험하려는 것은 상호작용의 도중에 일어나는 행위의 변화와 작용이 로봇의 행위를 제한하도록 미리 규정한 윤리적 선택에도 영향을 줄 수 있을까 하는 것이다. 한마디로 이 연구의 핵심 과제는 인공의 사회적 행위자들과 인간들의 행위 교환을 통한 '공진화'의 가능성이다. 이는 선험적으론 예측이 불가능하다. 또한 변화의 과정이 자연스럽게 이루어지기 때문에 왜 그렇게 생각하고 행동하게 되었는지 파헤치려면 변화 과정에 대한 연구가 필수적이다. 이렇게 해서 이 연구의 최종 목표는 로봇이 우리 사회 환경에 미칠 윤리적 충격을 미리 예측하고 해결책을 찾아내는 것이다.

우리가 제안하는 인공윤리는 현재 진행 중인 발전에 주목하고 깊이 생각함으로써 새로이 문제를 제기하고 해법을 찾으려는 것이지 이미 있는 이론을 가지고 새로운 상황들을 판단하려는 것이 아니다. 인공적 방법론은 윤리에도 혁신이란 것이 있을 수 있다는 생각을 진지하게 받아들인다. 공상과학이 보여주는 미래에 대한 디스토피아적 예측과 달리, 인공 윤리는 로봇들의 사회로의 진입을 종말의 시작이 아닌 우리 인간 본성에 대한 보다 깊은 이해를 위한 전진이라고 생각한다. 동시에 이는 인공의 사회적 파트너(대리로봇)를 만들어낼 수 있는 유일한 존재인 우리 인간에 대한 도덕적 성찰이자 탐구가 될 것이다.

주석

1 로제 카유아 Roger Caillois(1913-1978)는 프랑스의 사회학자이자 문학평론가이다. 1938년 조르주 바타유, 미셸 레리스 등과 '사회학연구회'를 결성하였으며 시에서 광물학, 미학, 동물학, 신학, 민속학에 이르기까지 폭넓은 주제를 다루었다. 지은 책으로 『신화와 인간 Le Mythe et l'Homme』(1938), 『인간과 성스러운 것 L'Homme et le Sacré』(1939), 『유희와 인간 Les jeux et les hommes』(1958) 등이 있다. 〈역자주〉

2 프랑스어로, 'robot de cuisine'은 주방로봇이란 뜻이며 믹서기를 가리킨다. 〈역자주〉

3 www.gizmag.com/panasonic-reysone-robot-bed-wheelchair-iso13482/31656 참조

4 K. Čapek(Jan Rubeš 번역), R.U.R. Rezon's Universal Robots, Éd. de l'Aube, coll. 《Regards croisés》, 1997. 카렐 차페크에게 작품 속에 등장하는 인공의 존재들에게 체코어 'Robota'라는 이름을 붙일 것을 제안한 것은 화가인 그의 형 요세프 차페크였다고 한다. '사역' 또는 '강제노동'을 뜻하기도 하는 이 말은 원래 '노예'를 의미했다.

5 인간의 모습을 한 로봇 〈역자주〉

6 여기서 '행위자'로 번역된 'agent'는 '행위지'나 '대행자' 같은 사전적 뜻이 아니라 컴퓨터 용어 '에이전트'의 개념을 확장한 용어로 보아야 한다. 컴퓨터 용어에서 에이전트는 사용자를 대표하거나 대신해 사용자가 해야 할 작업을 자동으로 수행하는 소프트웨어를 뜻한다. 즉 센서를 통해 복잡하고 유동적인 실세계 환경으로부터 정보를 받고 외부 기기를 이용해 행동하며,

목표에 이르기 위한 자치 능력을 가진 소프트웨어를 가리킨다. 이 책의 저자들은 인공행위자artificial agent와 자연행위자natural agent를 구분함으로써 인간이나 동물 등도 에이전트agent의 한 부류로 확대 적용하고 있다. 〈역자주〉

7 Wendell Wallach and Colin Allen, *Moral Machine: Teaching Robots Right from Wrong* (NewYork: Oxford University Press, 2008)

8 레비-스트로스 등의 구조주의 용어로 신화를 형성하는 서사구조의 근본 단위를 말한다. 〈역자주〉

9 A. Budrys, *The Unexpected Dimension* 중 〈First to Serve〉, New York, Ballantine Books, 1960.

《First to Serve》에서 로봇이 반란을 일으키는 것은 그들이 자율성을 지녔기 때문이기도 하지만 자신들에게 주어진 자율성을 군 당국이 빼앗으려 했기 때문이다. 진정한 자율성을 지닌 로봇을 만들려는 학자들과 이에 반대하는 군 당국의 충돌이 이 소설의 핵심 줄거리다. 군사로봇과 로봇 윤리 문제를 다룬 제5장에서 우리는 이와 관련한 논쟁들을 살펴볼 것이다.

10 인공지능이 비약적으로 발전해 인간의 지능을 뛰어넘는 기점을 말한다. 〈역자주〉

11 D. Dowe, 《Is Stephen Hawking Right? Could AI Lead to the End of Humankind?》, IFLScience는 http://www.iflscience.com/technology/stephen-hawking-right-could-ai-lead-end-humankind/에서 볼 수 있다.

12 Samuel Gibbs, 《Elon Musk : Artificial Intelligence is Our Biggest Existential Threat》, The Guardian, 2014년 10월 27일

13 K. Rawlins, 《Microsoft's Bill Gates : Insists AI Is a Threat》, BBC News Technology, 2015년 1월 29일, www.bbc.com/news/31047780을 통해 볼 수 있다.

14 일본 만화가 데쓰카 오사무에 의해 탄생한 만화 〈철완 아톰〉의 주인공. 1952년 만화잡지 《쇼넨(少年)》을 통해 연재를 시작하였으며 1963년에는 만화영화로도 제작되었다. 〈역자주〉

15 "로봇 친구 만들기Construire des Compagnons artificiels"라고 얘기하면 왜 여자친구compagne는 아니냐고(compagnon은 불어로 '친구'나 '동반자'란 단어의 남성형으로 여성형은 compagne임 〈역자주〉) 물을 것이다. 사실상 오늘날의 소셜 로봇공학은 성(젠더)에 주목하는 것을 회피한다. 로봇공학에서 남성과 여성의 차이에 대한 고려가 전혀 없을 뿐더러 인간의 사회적 본

성을 이해하기 위해 이런 차이를 연구하려는 시도조차 이루어지지 않고 있다. 물론 인간의 모습을 한 로봇 가운데엔 '제미노이드 F'나 '사야^{aya}'처럼 여성의 모습을 한 것도 있다. 하지만 이런 특성은 주로 '미적' 고려나 사용자의 요구('제미노이드 F'와 '사야'는 모두 공공장소의 안내원으로 만들어짐)에 따라 결정된다. 우리는 이런 상황을 아쉬워할 수 있지만 반대로 이런 '중립성'을 인공적 사회성의 한 특성으로 삼을 수도 있다. 어쨌든, 앞으로 이 책에 나오는 인공행위자들은 계속 '중성'으로서의 남성명사로 부르려 한다.

16 불어 'esprit'나 영어 'mind'는 우리말로 '정신' 그리고 '마음'으로 동시에 번역된다. 우리말에서는 '정신'과 '마음'의 뜻을 나누어 사용하지만 불어와 영어에서는 구분하지 않는다. 앞으로 'esprit' 또는 'mind'라는 단어를 모두 '마음'으로 통일하되 관용적으로 쓰는 단어에 대해서만 '정신'이라고 번역할 것이다. 〈역자주〉

17 H. Arendt, *Condition de l'"homme moderne*, trad. G. Fradier, Paris, Calmann-Levy, 1961, p15-16.

18 체화된 마음 이론은 인지 활동에서 몸과 환경의 중요성을 강조하는 이론이다. 인간의 인지는 뇌에 의해 중앙집중적으로 통제되거나 추상적인 활동보다는 지각이나 운동처럼 감각 운동을 처리하는 과정에서 나오기 때문에 뇌를 포함한 '몸'이 환경과 어떻게 상호작용하는지를 아는 것이 마음을 이해하는 가장 중요한 방식이라고 주장한다. 〈역자주〉

19 유아론^{唯我論}이란 존재하는 것은 오직 나 자신뿐이며 타인이나 그 밖의 다른 존재물은 나의 의식이 만들어낸 것이라는 생각이다. 버클리 등의 주관적 관념론이 유아론에 가깝다. 버클리와 데카르트는 주관적 관념론이 유아론에 빠지는 것을 피하기 위해 초월적 의식이나 신의 의식을 빌려 타인이나 사물의 존재를 인정하였다. 〈역자주〉

20 L. Damiano, P. Dumouchel, H. Lehmann, 《Towards Human-Rotob Co-evolution. Overcoming Oppositions in Constructing Emotions and Empathy》, *International Journal of Social Robotics*, 7(1), 2015, p7-18

21 심리학에서 강화^{reinforcement}라 하면 반응의 빈도를 높이기 위하여 행해지는 자극을 말한다. 행동주의 심리학에서는 외부에서 주어지는 직접적인 강화가 행동발달의 큰 요인이라고 보지만 반두라^{Bandura}의 사회인지 이론은 간접적인 경험이나 자기 행동에 대해 스스로 내리는 평가나 기준에 따라 자기 행동을 통제하는 자기강화가 행동 발달에 많은 영향을 미친다고 본다. 〈역자주〉

22 P. Dumouchel, *Émotions, Essai sur le corps et le social*, Paris, Les Empêcheurs de penser en rond, 1999.

23 T. O'Connor, *Animals as Neighbors*, Michigan State University Press, 2013.

24 일반적으로 군사로봇은 소셜 로봇으로 여기지 않는다. 하지만 일부 군사용 인공행위자들은 분명 소셜 로봇이라 할 수 있으며 다른 것들도 명백히 사회적 측면을 지닌다.

25 M. Mori, 《The Uncanny Valley》, in *Energy*, 7, 1970, p33-35 ; trad. fr. 《La vallée de l'etrange》, in Gradhiva, 15, 2012, p27-33 ; 이 가설은 최근에 와서 연구 주제로 공식 채택되었다. R. K. Moore, 《A Bayesian Explanation of the "Uncanny Valley" Effect and Related Psychological Phenomena》, in *Nat. Sci. Rep*, 2., 2012, p864

26 오사카 대학의 이시구로 히로시는 이를 위해 특정 인물을 복제하듯 모방한 안드로이드를 제조하는 전략을 택한다. E. Grimaud와 Z. Paré, *Le jour où les robots mangeron des pommes*, Paris, Pétra, 2011 ; K. F. MacDorman & H. Ishiguro, 《The Uncanny Advantage of Using Androids in Cognitive Science Research》, in *Interact*. Stud., 7(3), 2006, p7-33

27 R. Girard, *La Violence et le Sacré*, Paris, Grasset, 1972. 같은 의견이면서도 완전히 다른 관점에서 의견을 개진한 이론으로는 N. Luhmann, *A Sociological Theory of Law*, London, Routledge & Kegan Paul, 1985.

28 흥미롭게도 치료사들은 자폐증 아이들을 상대하는 휴머노이드 로봇 기술자들에게 기계가 인간과 너무 똑같지 않게 만들어 달라고 요구한다. 관찰해 보면 아이들은 인간보다 로봇에 더 친밀감을 보이기 때문이다. 이에 대해서는 John-John Cabibihan, Hifza Javed, Marcelo Ang Jr., Sharifah Mariam Aljunied, 《Why Robots? A Survey on the Roles and Benefits of Social Robots for the Therapy of Children with Autism》, *International Journal of Social Robotics*, 5(4), 2013, p593-618.

29 Ph. Pinel, 〈*Traité médico-philosophique sur l'aliénation mentale ou La Manie*〉, Caille & Ravier, an IX, p115 인용, p113-118 본문.

30 위의 책 p113-114.

31 예를 들어 J. Cohen, *Human Robots in Myth and Science*, London, Taylor & Francis, 1965, 프랑스 번역 M. Dambyant, *Les Robots humains*

dans le mythe et dans la science, Prais, Vrin, 1968 ; Ch. Malamoud, 《Machines, magie, miracles》, in *Gradhiva*, 15, 2012, p145-161

32　로봇의 도입으로 인해 추가적으로 발생하는 고용에 대한 손익계산을 따지는 일은 다른 문제이다. 과학기술에서 산업로봇이 어떤 기능을 하는지는 이와 별개이기 때문이다.

33　Bruno Latour, *Petites Leçons de sociologie des sciences*, La Découverte, 2006. 라투르에게 사회적 현실은 인간과 기계(정확하게 말하면 인간과 비인간)의 조합 없이는 존재할 수 없다. 실제로 안전띠, 호텔 방 열쇠, 벨보이 등 라투르가 예로 드는 대부분의 것들은 인간 행위의 불확실성을 줄이기 위해 인간을 비인간 도구나 기계장치로 대체하는 행위들이다.

34　심리학에서 사회적 실재감은 행위자들이 커뮤니케이션을 하면서 상호작용한다는 느낌을 얼마나 가지는가를 의미한다. 실재감은 상대가 내 앞에 존재한다는 느낌의 정도를 말하며 응시, 고개 끄덕임, 눈의 움직임, 제스처, 공간적 근접성, 표정 등으로 실재감을 보여줄 수 있다. 〈역자주〉

35　이런 예들은 아주 간단한 기술제품들 속에서도 자주 발견된다. 좋은 기기들은 교묘한 기술을 이용해 스스로를 감춘다. 특히 무기에서 이런 현상을 자주 발견할 수 있는데, 근접전에 사용되는 전투용 무기들은 분리된 물체라기보다 마치 몸의 일부처럼 작동한다. 오늘날엔 이런 느낌에 대한 신경학적 기초연구들이 많이 이루어지고 있다. (A. Iriki, M. Thanka, Y. Iwamura 《Coding of Modified Body Schema During Tool Use by Macaque Postcentral Neurones》, in *Neuroreport*, 7, 1996. p2325-2330 or G. Rizzolatti & C. Sinigaglia, So quelche fai Il cervello que agisce e i neuroni specchio, Milan, Raffaello Cortina, 2006.) 요리 로봇, 전자렌지, 자동조명, 자동문, 잔디깎기 등 오늘날 유행하는 거의 모든 생활기구들에서 이런 경향을 발견할 수 있다. 사용자들의 지속적인 주의가 필요한 전통 기기들과 달리 현대의 대량소비를 위한 기술제품들은 되도록 최소한의 주목과 함께 '스스로' 기능하는 것을 지향한다. 현대의 생활기구들은 거추장스럽지 않고 되도록 눈에 띄지 않으며 조용해야 한다. "건강은 신체기관이 침묵하는 것이다"라는 말이 있듯이 기기들에게 '소멸'과 '침묵'은 '효율성'이라는 말과 동의어로 통한다.

36　예를 들면 우리의 이동 경로를 추적하거나 어디에서든 신원을 증명해 주는 일 등을 해준다.

37　컴퓨터 또한 삼차원적 물체이다. 하지만 컴퓨터 화면에 비친 가상 행위자는 그림자처럼 이차원적 행위자이다. 그림자의 이차원적 특성에 대해서는 R. Casati, *La Scoperta dell'ombra*, Milan, Mondadori, 2000 참조.

38　예를 들어 은행의 자동지급기는 최종적으로 결정된 지불의 승인이나 거부만 실행할 수 있다. 〈역자주〉

39　Nikolas Rose, *The Politics of Life Itself*, Princeton University Press, 2007, p75 "전문가와 고객들 사이에서 숫자화 된 신용이 다른 형태의 신용을 대체하면 전문가와 고객 사이에 많은 문제들이 발생할 수 있다. 즉 어떤 결정이 숨겨진 블랙박스 속에서 '객관적' 계산을 통해 자동적으로 내려질 수 있기 때문이다."

40　과속방지턱은 속도를 줄이도록 강제한다는 점에서 신호등이나 속도제한 표시, 주정차 금지 표지판 등과는 다른 형태의 관계를 만든다. 라투르가 말하는 행위의 프로그램과 안티프로그램은 이런 점을 간과하고 있다.(*Petite Leçon de sociologie des sciences*, p15-75)

41　B. Latour, 《Where Are the Missing Masses? The Sociology of a Few Mundane Artifacts》, in *Technologie and Society*, D. G. Johnson & J. M. Wetmore (eds.), Cambridge (Mass.), MIT Press, 2009, p174; 이 문구는 프랑스에서 나온 B. Latour의 다른 버전의 책에도 실렸다. *Petites Leçon de sociologie des Science*, op. cit., p15-75

42　벨보이를 자동 개폐장치로 바꾼 것은 분명 호텔 경영자의 손익계산에 의해서일 것이다.

43　D. McFarland, *Guilty Robots, Happy Dogs: The Question of Alien Mind*, Oxford, Oxford University Press, 2008.

44　앞의 책, p171.

45　H. Maturana & F. Varela, *De Màquinas y seres Vivos*: Santiago, Editional Universitaria, 1973.

46　물론 그러기 위해서는 먼저 잔디 깎는 로봇이 동기와 마음 상태를 가질 수 있다고 생각해야 하지만 이는 매우 의심스럽다.

47　분명한 것은 우리의 마음 상태는 매우 제한되고 좁은 범위 안에서만 자기 통제 하에 있다는 것이다. 일반적으로 우리는 지금 생각하고 있는 것에 대해 왜 생각하는지 모르며, "오늘 저녁 메뉴로 뭘 선택할까?"처럼 제어 가능

해 보이는 문제들은 선택 가능한 옵션이 뻔하고 제한적이라서 가능하다. 세상의 상태가 변하지 않는 한 우리의 심적 상태를 바꾸기는 힘든데, 이를 통해 우리의 심적 상태가 마음의 통제를 받기보다는 사회적, 물질적, 문화적, 지적 환경의 통제를 받는다고 추정할 수 있다. 반대로 풍부한 선택 가능성들 속에서 독창적 사고를 할 때도 자신이 처음 알아낸 사실에 대해 왜 그렇게 생각했는지 잘 모르는 경우가 많다.

48 행동유도성이라고도 한다. 특정 환경이나 새로운 기술, 디자인 등이 사람들의 특정 행동을 유도하는 것을 말한다. 예를 들어 눈의 높이에 있는 작은 구멍은 들여다보는 행동을 유도하고 무릎 높이에 있는 받침대는 앉는 행동을 유발하는 식이다. 〈역자주〉

49 칸트가 적절히 지적하였듯이 오직 이런 규칙성을 기초로 해서만 규범적 의미로서의 자율성들이 사후적으로 형성될 수 있다. 절대적 도덕률은 내 행동의 철칙이 보편적 규칙 위에 서 있을 것을 요구한다. 이런 관점에서 도덕적 행위자는 스스로에게 자신의 법칙을 세울 뿐 사후적으로 자신이 보편적이라 칭한 준칙을 철칙으로 삼는 자가 아니다. 자기가 속한 사회나 문화가 부여한 철칙을 따르든, 자신의 행동을 분석하여 철칙을 만들어내든, 두 경우 모두 행위자는 주어진 환경의 한 부분일 뿐이다.

50 물론 이탈에는 예외성이 포함되지만 그렇다고 예외성이 무작위적일 수는 없다. 이탈이 만들어낸 사건은 법칙을 가지고 있지 않더라도(법칙이 없다면 예외성도 없다) 의미는 가져야 하며 따라서 이해도 가능해진다.

51 한사람의 행동 선택이 다른 사람의 행동 선택에 상호 영향을 미치는 상황을 전략적 상황이라고 한다. 이에 비해 매개변수적인 상황이란 함수값처럼 여러 개의 독립적인 변수들에 따라 달라지는 상황을 말한다. 〈역자주〉

52 절반만 자율적인 로봇의 경우에도 "로봇과 조종자 중 누가 행위자인가?"라는 질문에 이르면 상황은 복잡해진다. 대답은 경우에 따라 달라질 수 있다. 그렇지만 결론이 무엇이든, 누가 행위자인가에 대한 질문은 그 사회적 행위자가 자율적인지 그렇지 않은지에 따라 구별된다.

53 자율성이란 개념이 완전한 독립성이니 자유가 아니라 일정 정도 환경에 대한 종속성을 전제한다는 생각은 인간과 다른 형태의 인지를 규명하기 위한 생명 시스템의 자기조직화 연구에 의해 고무되고 있다. 이에 대한 예로는 P. Dumouchel & J.-P. Dupuy, *L'Auto-Organisation de la physique au politique*, Paris, Seuil, 1983 ; H. Maturana & F. Varela, *De Máquinas y*

Seres Vivos, op. cit. ; F. Varela, *Autonomie et Connaissance*, trad. P. Bourgine & P. Dumouchel, Paris, Seuil, 1989 ; 그리고 로봇공학에서 자율성 개념의 확장 적용에 대해서는 D. Vernon, *Artificial Cognitive Systems*, A Primer, Boston, MIT Press, 2014. 참조.

54 Cohen, *Human Robots in Myth and Science*, p137.

55 가상 행위와 삼차원적 대상에 대한 행위와 반응 사이의 불연속성이라는 주제에 대해서는 P. Dumouchel, 《Mirrors of Nature, Artificial Agents in Real Life and Virtual Worlds》in S. Cowdell, C. Fleming & J. Hodge (eds.), *Violence, Desire and the Sacred III*, New York, Bloomsbury, 2015, p51-60.

56 S. Galleger, 《Interpretations of Embodied Cognition》, in *The Implications of Embodiment : Cognition and Communication*, W. Tscacher & C. Bergomi (eds.), Exeter, Imprint Academic, 2011.

57 F. Varela, E. Thompson & E. Rosch, *The Embodied Mind*, Boston, MIT Press, 1991 프랑스어 번역 *L'Incarnation corporelle de l'esprit*, Paris, Seuil, 1993.

58 이에 대한 가장 탁월하고 야심찬 연구의 예로는 E. B. Baum, *What is Thought?* Cambridgne (Mass.), MIT Press, 2004. 그리고 이에 대한 대중적 입장으로는 영화 〈Transcendance트렌센던스〉를 들 수 있다.

59 예를 들어, Owen Holland & David McFarland, eds. *Artificial Ethology*, Oxford, Oxford University Press, 2001.

60 종종 (사실은 매우 자주) 이런 연구를 통해 산업이나 군사적 용도의 로봇이나 시제품으로 사용할 수 있는 매우 흡사한 모델을 찾아내기도 한다.

61 다른 연구들 가운데 심리철학과 인지적 동물행동학의 관련성에 대해서는 Daniel Dennett, Kinds of Mind: Toward an Understanding of Consciousness, New York, Basic Books, 1996 ; Colin Allen and Marc Bekkof, *Species of Mind: The Philosophy and Biology of Cognitive Ethology*, Cambridge, Mass. MIT Press, 1997; Joëlle Proust, *Comment l'esprit vient aux bête*, Paris, Gallimard, 1997. ; Robert W. Lurz, *The Philosophy of Animal Minds*, Cambridge, Cambridge University Press, 2009.

62 B. Webb, 《Can robots make good models of biological behavior?》 in *Behavioral and Brain Sciences*, 2001, 24(06) p1033-1050 ; L. Damiano, A. Hiolle, Luisa Cañamero, 《Grounding Synthetic Knowledge》, in Tom Lenaerts, Mario Giacobini, Hugues Bersini, Paul Bourgine, P. Dorigo& René Doursat, *Advances in Artificial Life*, ECAL 2011 (Cambridge, Mass, MIT Press, 2011), p200-207

63 Frank Grasso, 《How Robotic Lobsters Locate Odour Sources in Turbulent Water》, in Holland and McFarland, eds., *Artificial Ethology*

64 H. Cruse, 《Robotic Experiments on Insect Walking》, in Holland and McFarland, eds., *Artificial Ethology*, p139

65 컴퓨터 시뮬레이션을 사용하지 않는다면 전혀 이런 결과를 얻어낼 수 없을 것이다. 하지만 물질적인 시뮬레이션, 다시 말해 Figure CS 5.10. 같은 실제 로봇을 통하지 않고는 질문에 답할 수 없는 경우도 많다. 많은 행동 특성들은 뇌만으로 기능하지 않으며 뇌와 몸 그리고 환경의 총체로 이루어진다. 따라서 어찌 됐든 우리는 시뮬레이션 안에 몸과 환경을 포함시켜야 한다. 이를 위한 가정 좋은 방법은 진짜 로봇을 만드는 것이다. H. Cruse, 앞의 책 p139

66 마음 이론은 학설이 아니라, 의식적인 판단 이전에 느낌으로 타인의 감정과 의도를 알아내는 인간의 능력을 일컫는 용어이다.

67 틀린 믿음 시험은 어떤 것이 틀렸다는 것을 알지만 다른 사람이 그 틀린 사실을 믿을 수 있음을 이해하는지 테스트하는 것이다. 즉 인지발달 과정에서 타인의 심적 상태와 그로 인한 행동을 이해하는지 알아보는 실험이다. 일반적으로 아이들이 4세에 이르면 타인의 마음을 자신과 분리하여 이해하는 능력이 생긴다고 본다. 〈역자주〉

68 R. Pfeifer & A. Pitti, *La Révolution de l'intelligence du corps*, op. cit.

69 E. Thompson & F. Varela, 《Radical Embodiment》, in *Treds in Cognitive Sciences*, 5(10), 2001, p418-425 ; A. Chemero, *Radical Embodied Cognitive Science*, Cambridge, Mass., MIT Press, 2009.

70 J. Stewart, O. Gapenne & E. A. Di Paolo(eds.), *Enaction Toward a New Paradigm for Cognitive Science*, Cambridge, Mass., MIT Press, 2010.

71 E. Bimbenet은 *L'animal que je suis plus*(Paris, Gallimard, 2011)에서 동물 정신과 인간 정신의 차이에 대해 단지 동물의 정신이 인간의 정신에 비

해 극히 국지적으로 작용한다는 주장을 철학적으로 분석해 볼 것을 제안하고 있다.

72 하나의 시스템으로부터 다른 시스템을 추정해 확대 적용하는 일은 인식론적 질문들을 불러올 수 있다. Daniel P. Steel, *Across the Boundaries: Extrapolation in Biology and Social Science*, New York, Oxford University Press, 2008. 참조.

73 H. Maturana & F. Varela, *Autopoiesis and Cognition*, Boston Studies in Philosophy of Science, vol. 42, Dordrecht, D. Reidel, 1980.

74 E. Thompson, *Mind in Life*, Harvard University Press, 2007.

75 M. Bitbol & P. L. Luisi, 《A utopoiesis With or Without Cognition: Defining Life at Its Edge》, *Journal of the Royal Society Interface*, 1, p99-107.

76 Humberto R. Maturana & Francisco J. Varela, *The Tree of Knowledge*: The Biological Roots of Human Understanding, trans. Robert Paolucci, Boston, Shambhala / New Science Library, 1987; rev. ed., 1992. 이 논문은 자기조직화 이론이나 생명체의 자율적 시스템에 주목하는 인지생물학 이론에서 중요한 위치를 차지한다.

77 생명 현상이 무생물계의 물리, 화학적 현상과는 근본적으로 다른 독특한 생명력이나 활력에 의해 만들어진다는 주장. 원시 애니미즘이나 고대 그리스 철학 등에서 이런 주장들이 있었지만 근대 자연과학의 발달로 16~17세기경 기계론이 대두되면서 부정되다가 18세기 말에서 19세기 초에 걸쳐 핼러 등의 철학자에 의해 부활되기도 했다. 〈역자주〉

78 데카르트는 당시 널리 받아들여지던 세 가지 유형의 영, 즉 식물의 영, 동물(또는 감성의)의 영 그리고 이성의 영이 있다는 믿음에 반대하는 입장을 취했다. 데카르트에 의하면 오직 하나의 형태 즉 이성적이고 정신적인 영만이 존재하여, 이것이 인간을 의식을 지닌 존재로 만든다. 그리고 그 밖의 나머지는 모두 물질로만 존재한다.

79 앞으로 우리는 컴퓨터에 의한 마음의 기계화가 얼마나 모호하며 이원론적인지 살펴볼 것이다. 왜냐하면 기본적으로 이것은 마음을 수학적으로 연산화 하는 작업에 불과하기 때문이다.

80 Descartes, *Discours de la méthode*, in C. Adam & P. Tannery (eds.), Oeuvres de Descartes, VI, Paris, Vrin, 1996, p58-59.

81   Th. Gontier, 《Descartes et les animaux-machines: une rehabilitation?》, in J.-L. Guichet (ed.), *De l'animal-machines à l'âme des machines. Querelles biomécaniques de l'âme. xviie-xxie siècle*, Paris, Publications de la Sorbonne, 2010, p38.

82   J. Fodor, *The Modularity of Mind*, Cambridge (Mass.), MIT Press, 1984.

83   D. Chalmers, *The Conscious Mind*, Oxford University Press, 1996.

84   M. Rowlands, *The New Science of the Mind. From Extended Mind to Embodied Phenomenology*, Cambridge (Mass.), MIT Press, 2010.

85   F. Adam & K. Aizawa, 《Defending the Bounds of Cognition》, in R. Menary(ed.), *The Extended Mind*, Cambridge (Mass.), MIT Press, 2010, p67-80.

86   A. Clark & D. J. Chalmers, 《The Extended Mind》, Analysis, 58, 1998, p10-23, 재인용 R. Menary (ed.), *The Extended Mind*, op. cit., p27-42.

87   데카르트 등이 주장하는 실체 이원론substance dualism과 구분되는 용어. 실체substance란 자신의 존재를 위해 나른 어떤 것에도 의존하지 않고 독립적으로 존재하는 것을 말하는데, 데카르트 등 실체 이원론자들은 인간의 몸이라는 실체와 마음이라는 실체가 독립적으로 존재한다고 보았다. 이에 비해 속성 이원론은 인간이라는 실체 안에 육체적 속성과 정신적 속성이 동시에 존재한다고 본다. 〈역자주〉

88   최근 인지 고고학 쪽에서 이에 대한 흥미로운 논의가 전개된 바 있다. L. Malafouris, *How Things Shape the Mind: A Theory of Material Engagement*, Cambridge, Mass, MIT Press, 2013, p23-53.

89   A. Clark, Natural-Born Cyborgs. *Minds, Technologies and the Future of Human Intelligence*, Oxford University Press, 2003. 사실 차머스와의 공동 논문이 발표된 뒤에 여러 책과 기고문들을 통해 이런 논지를 펼친 것은 주로 콜리그 쪽이었다

90   R. Menary, *The Extended Mind*, op. cit.

91   데카르트의 관념론은 나의 외부에 존재하는 대상 자체와 나의 지각에 나타나는 대상의 관념 사이에는 차이가 있을 수 있다고 말하였을 뿐 외부의 대상의 실재 자체를 부정하지는 않았다. 이에 비해 라이프니츠와 버클리 같은 순수 관념론자들은 우리에게 나타나는 물체의 세계는 오로지 관념일 뿐

이며 실재로 존재하지 않는다고 주장하였다. 〈역자주〉

92 P. Humphreys, *Extending Ourselves: Computational Science, Empiricism and Scientific Method*, Oxford University Press, 2004.
93 *Extending Ourselves*, op. cit., p. vii.
94 앞의 책 p53.
95 J. Lenhard, E. Winsberg, 《Holism and Entrenchment in Climate Model Validation》, in *Science in the Context of Application*, M. Carrier & A. Nordman.
96 D. Lebihan, *Le Cerveau de cristal. Ce que nous révèle la neuro-imagerie*, Paris, Odile Jacob, 2012.
97 "기계의 기능을 점검하는 방사선 전문가를 제외한다면 그렇다."(D. Lebihan과의 개인 담화 중)
98 분석적으로 투명하지 못하고 인식론적으로도 파악이 불가능한, 그래서 전부 설명할 수도 완전히 이해할 수도 없는 사회과학이나 기초물리학의 복잡한 모델을 면밀히 분석한 저서로는 Mary S. Morgan & Margaret Morrison, eds., *Models as Mediators*, Cambridge University Press, 1999.
99 생물학적, 화학적 성질처럼 개인의 심적 차원에서는 설명이 불가능한 개체의 성질 〈역자주〉
100 마아의 지각이론Theories of object recognition은 시각 기관이 정보의 입력 패턴을 계산하여 구조화, 종합하는 과정을 다음과 같은 단계로 나눈다. ① Primal sketch(기본 스케치): 관찰자가 모서리, 윤곽선, 색깔 같은 기본적인 2D 구성 요소를 추출하는 단계로, 다시 세기 분포에 따라 단절된 부분의 위치와 방향을 그리는 Raw Primal Sketch 단계와 보다 전반적인 구조를 그리는 Full Primal Sketch단계로 나뉜다. ② $2\frac{1}{2}$-D sketch(2.5 스케치): 깊이와 표면을 그려 입체적으로 나타내는(shading, texture, motion, binocular disparity) 단계이다. ③ 3D model representation(3D 모델 표현): 세부 특징과 상황에서의 맥락 정보가 조합되어 3D의 입체적인 물체의 모양이 만들어지는 단계이다. 〈역자주〉
101 유전자염기서열분석기는 DNA의 염기배열을 자동으로 측정하는 기계장치이다. 이 분석기는 DNA의 염기서열을 측정한 뒤 일정한 조작을 거쳐 연속된 문자 형태로 DNA 사슬을 보여준다. 〈역자주〉

102 심적 상태란 곧 두뇌의 물리적 과정에 다름 아니라는 심신동일론을 비판하기 위해 심리철학자 퍼트넘이 적용한 심리철학적 논증이다. 가령 심신동일론자는 고통이 C-신경섬유가 자극되어 활성화되기 때문에 인간의 심리 상태와 두뇌의 물리적 신경생리의 상태는 동일하다고 주장한다. 이에 대해 퍼트넘은 다양한 유기체와 시스템을 포함한 무수히 많은 물리적 상태에서 고통이 실현될 수 있다고 반박한다. 즉 고통의 '단일한 상관자' 같은 것은 없고, 심적 유형은 어느 하나의 신경 상태의 유형과 동일시 될 수 없으며, 다른 어떤 물리적 상태의 유형과도 동일시 될 수 없다는 것이다. 〈역자주〉

103 A. Clark, 《Memento's Revenge…》, op. cit.,

104 《Memento's Revenge…》, op. cit., p44

105 이러한 전통은 후설이나 비트겐슈타인의 생각에도 중요한 역할을 했다. 이런 분석철학을 대표하는 보다 최근의 인물로는 D. 데이비슨을 들 수 있다. D. 데이비슨Davidson, 《Knowing One's Own Mind》, in *Self-Knowledge*, Q. Cassam (ed.), Oxford University Press, 1944.

106 예를 들면, D. Baron & D. C. Long, 《A vowals and First Person Privilege》, in *Philosophy and Phenomenological Research*, LXII-2, 2001, p311-335. 참조

107 이러한 편견은 후설이 확립한 현상학적 사유 속에도 뿌리박혀 있다. 따라서 이들이 유아론으로부터 벗어나긴 힘들어 보인다.

108 이러한 전제는 오늘날까지도 심리학에서 중요한 위치를 차지한다. 소위 '마음 이론'이라 불리는 이론은 우리가 타자의 마음에 직접적으로 접근할 수 없으며 마음이나 심적 상태를 집합단위로 보는 견해를 논의의 출발점으로 삼는다. 하지만 이는 관찰의 결과가 아닌 단순한 가정이나 이론일 뿐이다. 때문이 이 유파의 연구를 '이론-이론Theory-Theory(또는 마음 이론 이론)'이라 부르는 것이다.

109 R. Decartes, *Les Méditations métaphysiques* [1647], in C. Adam & P. Tanery, *Oeuvres de Descartes*, IX, *Méditations & Principes*, trad. fr., Paris, Vrin

110 K. Dautenhahn, 《Methodology and Themes of Human-Robot Interaction : A Growing Research Field》, *International Journal of Advanced Robotics*, 4-1, 2007, p103-108.

111 C. Breazeal, 《Affective Interaction Between Humans and Robots》,

Advanced in Artificial Life, Lecture Notes in Computer Science, 2159, 2001, p582-591.

112 H. Levesque & G. Lakemeyer, 《Cognitive Robotics》, Foundation of Artificial Intelligence, 2008, 3, p869-886.

113 M. Asada, 《Towards Artificial Empathy》, International Journal of Social Robotics (nov. 2014), http://link.springer.com/journal/12369

114 L. Berthouze & T. Ziemke, 《Epigenetic Robotics : Modeling Cognitive Development in Robotic Systems》, Connection Science, 15-3, 2003, p147-150.

115 D. Feil-Seifer & M. J. Matarić, 《Defining Socially Assistive Robotics》, in Proceedings of the 2005 IEEE 9th International Conference on Rehabilitation Robotics, p465-468.

116 M. Hillman, 《Rehabilitation Robotics from Past to Present - a Historical Perspective》, in Proceedings of the 8th International Conference on Rehabilitation Robotics, 2003, p1-4.

117 이 장에서는 현대 문학에서 소셜 로봇에 대한 몇 가지 정의를 보게 될 것인데, 이 분류에서 키워드 역할을 하는 것은 바로 "사회적 상호관계"이다. T. Fong, I. Nourbakhsh, K. Dautenhan, 《A Survey of socially interactive robots》, Robotics and Autonomous Systems, 42, 2003, p146-166.

118 기술과학 용어로서의 사회적 수용의 일반적인 의미는 "수용자 집단이 그 기술을 본래 의도했던 직무에 그대로 사용하겠다는 명시적인 의사"로 받아들여진다. A. Dillon & M. G. Morris, "User acceptance of information technology: Theories and models", Annual Review of Information Scinece and Technology 31(1996): 4. 그리고 Ioannis Vasmatzidis, "User Requirements in Information Technology", in Waldemar Karwowski, ed., International Encyclopedia of Ergonomics and Human Factors, 3 vols. London, Taylor and Francis, 2001, 1:750-753. 그러나 소셜 로봇공학과 관련하여 이 의미는 인공행위자가 여러 층위에서 인간의 사회적 기대, 미적(기쁨을 주는), 소통적(언어적, 비언어적 표현을 이해하는), 행동적(사회적 규범을 존중하는), 정서적(인간 파트너에게 긍정적 감정을 유발하고 신뢰할 만한 감정적 관계를 만들어내는) 기대에 부응하는 인공행위자의 능력을 말한다. Jenay M. Beer, Akanksha Prakash, Tracy L. Mitzner,

and Wendy A. Rogers, "Understanding Robot Acceptance", Technical Report HFA-TR-1103 (Atlanta: Georgia Institute of Technology, School of Psychology, 2011, http://smartech.gatech.edu/bitstream/handle/1853/39672/HFA-TR-1103-RobotAcceptanace.pdf;and Kerstin Dautenhahn, "Design Spaces and Niche Spaces of Believable Social Robots", in Processings of the 11th IEEE International of Electrical and Electronics Engineers, 2002), 192-197.

119　R. A. Calvo & al., *Handbook of affective computing*, op. cit.

120　제2장의 마지막 부분에서 오토가 현대미술관에 가기 위해 택시를 소리쳐 부르는 경우를 생각해 보면 된다.

121　M. A. Arbib, J. M. Fellous,《E motions : From Brain to Robot》, in *Trends in Cognitive Sciences*, 8-12, 2004, p554-561.

122　앞의 책, p554 ; T. Ziemke & R. Lowe,《O n the Role of Emotion in Embodied Cognitive Architectures: From Organisms to Robots》, in *Cognitive Computation*, 1, 2009, p104-117.

123　J. Piaget, *La Representation du monde chez l'enfant*, Paris, Alcan, 1926.

124　의인화경향에 대한 최근의 비판적 연구로는 G. Airenti,《Aux origines de l'anthropomorphisme. Intersubjectivite et theorie de l'esprit》, in *Gradhiva*, 15, 2012, p35-53.

125　얼핏 보기엔 매우 다르고 거리가 멀어 보이는 예술이나 심리학이 소셜 로봇 연구와도 밀접한 관련이 있다는 생각이 오늘날엔 점점 지지를 얻고 있다.

126　C. Breazeal,《Toward Sociable Robots》, in *Robotics and Autonomous Systems*, 42, 2003, p167-175; 또한 T. Fong & al.,《A Survey of Socially Interactive Robots》, op. cit., p145.

127　T. Fong & al.,《A Survey of Socially Interactive Robots》, op. cit., p146.

128　R. Nunez, W. J. Freeman (eds.), *Reclaiming Cognition*, Thoverthon, Imprint, 1999; L. Damiano, Unità in dialogo, Milan, Bruno Mondadori, 2009.

129　T. Ziemke,《What's that Thing Called Embodiment?》in *Proceedings of the 25th Annual Meeting of the Cognitive Science Society*, 2003, p1305-1310.

130 A. Clark, 《An Embodied Cognitive Science》, in *Trends in Cognitive Science*, 3-9, 1999, p345-351 ; R. W. Gibbs, Embodiment and Cognitive Science, Cambridge University Press, 2000.

131 T. Ziemke, 《What's that Thing Called Embodiment?》, op. cit.

132 R. Pfeifer & C. Scheier, *Understanding Intelligence*, Cambridge MA, MIT Press, 2000

133 제2장에서 보았던 연구자의 동물행동실험이 이런 연구방법을 예시해 준다.

134 L. Damiano & L. Canamero, 《Constructing Emotions》, in *Proceedings of AIIB Symposium 2010*, SSAISB The Society for the Study of Artificial Intelligence and the Simulation of Behavior, 2010, http://www.cs.bham.ac.uk/~nah/bibtex/papers/aiib-proceeding.pdf, p20-28.

135 V. Braitenberg, Vehicles 중 *Experiments in Synthetic Psychology*, MIT Press, Cambridge (Mass), 1984

136 L. Canamero, 《Emotion Understanding From the Perspective of Autonomous Robots Research》, in Neural Networks, 18, 2005, p445-55.

137 T. Ziemke, R. Lowe, 《On the Role of Emotion in Embodied Cognitive Architectures》, op. cit., p108.

138 D. Parisi, *Future Robots. Towards a Robotic Science of Human Beings*, John Benjamins, 2014, p69 ; D. Parisi, 《Internal Robotics》, Connection Science, 16, 4, 2004, p325-328. (저자 번역)

139 예를 들어 짐케Ziemke와 로우Lowe는 행동 조직을 조절하는 3가지 다른 층위의 항상성 프로세스를 이루는 구조물을 제안한 바 있다. "Emotion in embodied cognitive architectures"

140 예를 들어, 미노루 아사다Minoru Asada의 《Affective Developmental Robotics Approach》는 인지발달 로봇공학 이론에 따라 나/타자 인식 발달에 집중하고 있다.

141 이런 접근은 매우 결정적인 어려움에 봉착했는데, 특히 얼마나 추상적인 수준에서 인공적으로 모델화해 낼 수 있는가 하는 것과 생물학적으로 어느 정도까지 정교한 모델들을 만들어낼 수 있는가 하는 방법적 문제들이 있다.

142 앞의 책

143 K. Hook, 《A ffective Loop Experiences : Designing for Interactional Embodiment》, in *Phil. Trans. R. Soc. B*, 364, 2009, p3585-p3595 ; A. Paiva et al., 《Emotion Modeling for Social Robots》, op. cit. T. Fong et al., 《A Survey of Socially Interactive Robots》, op. cit. L. Canamero, 《Bridging the Gap Between HRI and Neuroscience in Emotion Research : Robot as Models》 at http://www.macs.hw.ac.uk/~k1360/HRI2014W/submissions/S16.pdf

144 K. Hook, 《A ffective Loop Experiences - What Are They?》, in *Lecture Notes in Computer Science 5033*, 2008, p1-12, p2.

145 A. Paiva et al., 《Emotion Modeling for Social Robots》, op. cit.

146 비토리오 갈레세가 처음 소개한 "거울 메커니즘"이라는 표현은 마카크 원숭이의 전두엽 피질의 F5 영역에서 발견되는 거울 신경세포를 인간의 "거울 신경세포 시스템"에 해당하는 것으로 보고 있다. G. Rizzolatti, L. Fogassi, V. Gallese, 《Neurological Mechanisms Underlying the Understanding and Imitation of Action》, in *Nature Review Neuroscience*, 2, sep. 2001, p661-670

147 Th. Hobbes, *De la nature humaine*(1651), trad. Hobach, Paris, Vrin, 1971 ; 보다 최근의 논의로는 P. Dumouchel, *Émotions. Essai sur le corps et le social*, op. cit. ; S. Manghi, 《Legame emozionale, legame sociale》, in P. Dumouchel, *Emozioni. Saggio sul corpo e sul sociale*, Milan, Medusa, 2008.

148 P. Dumouchel, *Émotions. Essai sur le corps et le social*, op. cit. L. Damiano & P. Dumouchel, 《Epigenetic Embodiment》, in L. Canamero, P.-Y. Oudeyer & C. Balkenius (eds.), 《Epigenetic Robotics》, *Lund University Cognitive Studies*, 146, 2009, p41-8.

149 P. Ekman, *Unmasking the Face*: A Guide to Recognizing Emotions, Englewood Cliffs (N.J.), Prentice Hall, 1975.

150 C. E. Izard, 《Cross-Cultural Perspective on Emotion and Emotion Communication》, in *Handbook of Cross-Cultural Psychology*, vol. 3, H. Triandis & W. Lonner (eds.), Boston, Allyn and Bacon, 1980.

151 D. Ross & P. Dumouchel, 《Emotions as Strategic Signals》, *Rationality and Society*, 16(3), 2004, p251-286 ; A. Gibbard, *Wise Choices, Apt*

Feelings: A Theory of Normative Judgment, Oxford, Clarendon Press, 1990.

152 Gallese, 《"Being Like Me": Self-Other Indentity, Mirror Neurons, and Empathy》, in *Perspectives on Imitation*, vol. 1, S. Hurley & N. Chater (eds.), Cambridge (Mass.), MIT Press, 2005, p101-18.

153 그밖에 감정적 공조 가설을 뒷받침하는 신경과학과 인지과학의 성과를 보려면 M. D. Lewis & I. Granic (eds.), Emotion, Development and Self-Organization, Cambridge University Press, 2002 ; R. W. Gibbs, 《Intentions as Emergent Products of Social Interactions》, in B. F. Malle, L. J. Moses & D. A. Baldwin (eds.), *Intentions and Intentionality*. Cambridge (Mass.), MIT Press, 2001, p105-22. 정서현상에 대한 서로 다른 연구가 철학과 과학 그리고 체화 인지과학 등의 전통 주제로 수렴되는 것은 매우 흥미로운 일이다. 예를 들어 피아제학파의 개인간 행동규율 (J. Piaget, *Biologie et Connaissance*, Paris, Gallimard, 1967), 자동 생성되는 행동결합 이론(H. Maturana & F. Varela, *The Tree of Knowledge*, Boston, Shambhala, 1987), 패스크가 처음 주장하고 바렐라가 발전시킨 대화투의 일치 (F. Varela, *Principles of Biological Autonomy*, New York, Elsevier North Holland, 1980) 등이 그렇다. 대화투의 일치에 대해서는 L. Damiano, Unità in dialogo, op. cit. 참조

154 P. 뒤무셸이 어릴 적에 기르던 개는 밖으로 나가고 싶으면 부엌문을 긁어대곤 했다. 거실에서 책을 읽고 있던 고모할머니는 안락의자에서 일어나 천천히 문을 열어주러 부엌 쪽으로 다가갔다. 하지만 그녀가 부엌에 이르렀을 때 개는 이미 사라지고 없었다. 개는 이미 고모할머니가 보지 못한 사이 다른 방을 통해 살롱으로 들어와 할머니가 앉아있던 안락의자를 차지했다.

155 Damiano, P. Dumouchel & H. Lehmann, 《Should Empathic Social Robots have Interiority?》, in S. Ge, O. Kathib, J. J. Cabibihan, R. Simmons & M.-A. Williams (eds.), *Social Robotics, Lecture Notes in Artificial Intelligence 7621*, Berlin, Springer-Verlag, 2012, p268-77.

156 이를테면, R. W. Gibbs, 《Intentions as Emergent Products of Social Interactions》, op. cit. J. Krueger, 《Extended Cognition and The Space of Social Interaction》, *Consciousness and Cognition*, 20(3), 2011, p643-57 ; J. Slaby, 《Emotions and the Extended Mind》, 2013, in M. Salmela, C.

von Scheve (eds.), *Collective Emotions*, Oxford University Press, 2014.

157 Ceruti, L. Damiano, 《Embodiment enattivo, cognizione e relazione dialogica》, *Encyclopaideia*, 37-XVII, 2013, p19-46.

158 F. Varela, E. Thompson & E. Rosch, *The Embodied Mind*, Cambridge(Mass.), MIT Press, 1991 ; E. Thompson & F. Varela, 《Radical Embodiment》, op. cit., p418-425.

159 연장성을 지녔다(res extensa)는 것은 공간을 차지하며 흐르는 시간 속에 존재한다는 뜻이다. 〈역자주〉

160 E. Thompson & F. Varela, 《Radical Embodiment 》, op. cit Damiano, Unità in dialogo, op. cit. J. Stewart, O. Gapenne & E. A . Di Paolo (eds.), *Enaction Toward a New Paradigm for Cognitive Science*, op. cit. 사실 근본적 체화이론을 주장하는 최근 논의에서도 은유적 표현이라 할 수 있는 공간적 의미에서의 확장란 개념을 그대로 사용하곤 한다. 예를 들면 A. Noé, *Out of Our Hands*, New York, Hill & Wang, 2009 ; M. Silberstein & A. Chemero, 《Complexity and Extended Phenomenological-Cognitive Systems》, in *Topics in Cognitive Science*, 4(1), 2012, p35-50. 공간과 마음의 체화의 역동성에 대한 또 다른 개념규정에 대해서는, L. Damiano, P. Dumouchel & H. Lehmann, 《Should Empathic Robots Have Interiority?》 op. cit. M. Ceruti & L. Damiano, 《Embodiment enattivo, cognizione et relatione dialogica 》, op. cit., p19-46.

161 H. J. Chiel, R. D. Beers, 《The Brain Has a Body》, *Trends in Neurosciences*, 20, 1997, p553-557 ; G. Sandini, G. Metta, D. Vernon, 《The iCub Cognitive Humanoid Robot》, in M. L ungarella, F. I ida, J. B ongard, R. Pfeifer (eds.), *50 Years of Artificial Intelligence*, Berlin-Heidelberg, Springer, 2007, p358-369 ; T. Froese, T. Ziemke, 《Enactive Artificial Intelligence》, *Artificial Intelligence*, 173, 2009, p466-500.

162 ATR은 국제 원격통신 선진 연구소(Advanced Telecommunication Research Institut International)를 말하며 교토 외곽에 위치해 있다. http://www.atr.jp/index_e.html

163 이 실험에 대해서는 Emmanuel Grimaud & Zaven Parès, *Le jour où les robots mangeront des pommes*: Converstaions avec un Geminoïd, Paris, Petra, 2011.

164 E. Grimaud & Z. Paré, *Le jour où les robots mangeront des pommes*, op. cit.

165 파로의 행동 구조는 서로 다른 행동을 가르는 두 개의 층위를 포함한다. 시바타와 그의 동료들에 따르면 "행동 발생의 층위는 여러 다른 활동체들의 행위들을 특정해 줄 수 있는 기준점을 제공해 준다. 이런 기준점은 내적 상태와 그 변환에 따라 정해진다. 이런 파라미터는 동일한 행동의 속도나 반복 횟수에 변화를 준다. 결과적으로 기본 행동의 가짓수는 한정되어 있지만 파라미터의 다양함으로 인해 나타날 수 있는 행위의 수는 무한대가 된다. 이것이 인간에게 무한히 다양한 행위가 가능한 이유이기도 하다.

166 T. Shibata, K. Wada, T. Saito & T. Tanie, 《Psychological and Social Effects to Elderly People by Robot-Assisted Activity》, in *Animating Expressive Characters for Social Interaction*, op. cit., p184.

167 http://www.herts.ac.uk/kaspar/the-social-robot

168 Dautenhahn, 《Socially Intelligent Robots: Dimensions of Human-Robot Interaction》, in *Philosophical Transactions of the Royal Society* B : Biological Sciences, 362(1480), 2007, p679-704 ; K. Dautenhahn, C. L . Nehaniv, M. L . Walters, B. Robins, H. Kose-Bagci, N. A . Mirza, M. Blow, KASPAR *-A Minimally Expressive Humanoid Robot for Human-Robot Interaction Research*, Special Issue on 《Humanoid Robots》, *Applied Bionics and Biomechanics*, 6(3), 2009, p369-397.

169 D. Riek, 《Wizard of Oz Studies in HRI : A Systematic Review and New Reporting Guidelines》, *Journal of Human-Robot Interaction*, vol. 1, N. 1, 2012, p119-136.

170 H. Lehmann, I. Iacono, B. Robins, P. Marti & K. Dautenhahn, 《"Make it move": Playing Cause and Effect Games with a Robot Companion for Children with Cognitive Disabilities》, in *Proceedings of the 29th Annual European Conference on Cognitive Ergonomics*, aout 2011, p105-112. Association for Computing Machinery ; H. Lehmann, I. Iacono, K. Dautenhahn, P. Marti & B. Robins, 《Robot Companions for Children with Down Syndrome : A Case Study》, *Interaction Studies*, 2014, 15(1), p99-112 ; I. Iacono, H. Lehmann, P. Marti, B. Robins & K. Dautenhahn, 《Robots as Social Mediators for Children with Autism-A

Preliminary Analysis Comparing Two Different Robotic Platforms》, in *IEEE International Conference on Development and Learning* (ICDL), 2011, vol. 2, 2011, p1-6. Institute of Electrical and Electronic Engineers ; S. Costa, H. Lehmann, B. Robins, K. Dautenhahn & F. Soares, 《Where is your nose? : Developing Body Awareness Skills Among Children With Autism Using a Humanoid Robot》, in *Proceedings the 6th International Conference on Advances in Computer-Human Inter-Actions*, 2013 ; S. Costa, H. Lehmann, K. Dautenhahn, B. Robins & F. Soares, 《Using a Humanoid Robot to Elicit Body Awareness and Appropriate Physical Interaction in Children with Autism》, *International Journal of Social Robotics*, 2014, p1-4 ; J. Wainer, K. Dautenhahn, B. Robins & F. Amirabdollahian, 《A Pilot Study With a Novel Setup for Collaborative Play of the Humanoid Robot KASPAR With Children With Autism》, *International Journal of Social Robotics*, 6(1), 2014, p45-65.

171 A. Billard, A. Bonfiglio, G. Cannata et al., 《The RoboSkin Project: Challenges and Results》, in V. Padois, Ph. Bidaud & O. Khatib (eds.), *Romansy 19–Robot Design, Dynamics and Control*, Springer, 2013, p351-358.

172 카스파의 가격은 최대한 낮게 유지되고 있으며, 현재는 1,200유로 이하이다. 유지비용은 3D 프린트의 발달로 더 낮아질 전망인데, 이런 기술로 손과 발, 얼굴의 일부 등을 스스로 교체할 수 있다. 앞으로 학교나 특수교육 기관에서 학습에 어려움을 겪는 아동들이 이 기술에 접근하는 게 보다 쉬워질 것이다. 따라서 우리가 로봇을 이런 상황에 이용할 일은 많아질 것이며, 우리는 이로 인한 여러 윤리적 문제들에 직면하게 될 것이다.

173 Grimaud & Paré, *Le jour où les robots mangeront des pommes*, op. cit., 특히 《Intimite》 부분, p75-78.

174 이 주제에 대해서는 알렉스 가랜드가 시나리오를 쓰고 연출한 최근 영화 〈엑스 마키나〉(2015)를 참조하기 바란다.

175 H. Arendt, *Condition de l'homme moderne*, op. cit., p15-16.

176 J. R. Chiles, *Inviting Disaster Lessons from the Edge of Technology*, New York, Harper Collins, 2001, p288.

177 이런 의미에서 드론은 이 책의 제1장에서 부뤼노 라투르가 예로 들었던 용

수철회전식 쇠꼬챙이나 자동개폐문에 가깝다.

178 P. Lin, K. Abney & G. A . Bekey (eds), *Robot Ethics the Ethical and Social Implications of Robotics*, Cambridge (Mass.), MIT Press, 2012, p386.

179 W. Wallach & C. Allen, *Moral Machines*, op. cit.

180 M. Anderson et S. L . Anderson, 《Machine Ethics: Creating an Ethical Intelligent Agent》, in AI Magazine, vol. 28/4, 2007, p15-26 ; J. H. Moor, 《The Nature Importance and Difficulty of Machine Ethics》, in *IEEE Intelligent Systems*, vol. 21/4, 2006, p18-21. 7월-8월 참조

181 L. Floridi & J. W. Sanders는 인공행위자들이 엔지니어의 직업 윤리에 복종시킬 것을 제안한다. (《On the Morality of Artificial Agents 》, *Minds & Machines*, 14(3), 2004, p349-379). 참조. 하지만 이를 위해 행위자의 행동을 규범으로 정하는 데에 그쳐서는 안 되며 인공행위자의 성과를 평가하는 기준이 있어야 한다.

182 이제는 기계 윤리와는 다른 의미의 로봇윤리가 도입되어야 할 때가 되었다고 본다. 즉 인간이 로봇이나 다른 인공행위자와 관계할 때 적용해야 할 행동양식을 규정한 윤리가 필요한 것이다.

183 Wallach et Allen, *Moral Machines*, op. cit., 이 책의 부제는 Teaching Robots Right from Wrong이다

184 AMA: Artificial Moral Agents.

185 J. B. Schneewind, *The Invention of Autonomy. A History of Modern Moral Philosophy*, Cambridge University Press, 1998, p623.

186 Wallach & Allen, *Moral Machines*, op. cit., 특히 제2장, 《Engineering Morality》, p25-36.

187 이는 인공생명 윤리 프로젝트와도 일치한다. M. A. Bedau & E. C. Parke, *The Ethics of Protocels*, Cambridge (Mass.), MIT Press, 2009 또한 나노기술의 윤리에 관해서는 D. P. O'Mathuna, *Nanoethics Big Ethical Issues with Small Technologies*, Londres, Continuum, 2009. 여기서 논하는 윤리는 기술의 발전이 가져다줄 미래 윤리의 핵심을 다루고 있다.

188 오래 전부터 공리주의자들의 접근 방법은 여러 분야에서 윤리적 가치를 계량화하여 평가하고 다양한 선택을 비교하는 방법으로 활용되어 왔다.

때문에 오늘날 공리주의는 모든 윤리적 합리성을 담보해 주는 보증수표처럼 여겨지기도 한다.

189 Armin Krishnan, *Killer Robots the Legality and Ethicality of Autonomous Weapons*, Burlington, Ashgate Publishing Company, 2009, p7.

190 앞의 책 p3.

191 제2장에서 기계가 과학 연구에 중요한 업무를 담당하게 되었음을 이미 보았지만, 군사작전에서도 기계는 주요한 일을 담당하고 있으며 앞으로도 비중은 점점 높아질 것이다.

192 이는 유명한 중국 군사전략 이론가인 리양과 장쉬의 주장이기도 하다. Q. Liang & W. Xiangsu, *Unrestricted Warfare*, Beijing, PLA Literature and Arts Publishing House, 1999.

193 그중 첫 번째 책은 Ronald C. Arkins, *Behaviour-Based Robotics* (Cambridge, Mass.: MIT Press, 1998). 아킨의 이 책은 지능로봇과 자율행위자 시리즈의 첫 번째 권에 해당한다. 사실 아킨의 저서는 크리나슈의 글을 읽지 않은 상태에서 나왔기 때문에 여기서 우리가 언급한 쟁점과는 무관하다.

194 사실 이 질문 자체가 적절하지 않다. 아킨은 이 질문에 만족할 만한 답을 이미 가지고 있다. 그가 제기하는 진짜 질문은, 앞으로 자세히 보겠지만, 윤리적 차원보다는 기술적 차원에서 어떻게 합법적인 살인 규정을 정하여 로봇이 복종하도록 만들 것인가 하는 것이다.

195 여기서 아킨은 크리슈난과 의견 차이를 보인다. 크리슈난 역시 이런 기술 진보를 불가피한 것으로 보았지만, 그는 이런 상황에 이르게 하는 시도 자체를 적법한 것으로 보지 않았다.

196 혁명 게릴라들도 같은 전략을 구사한다. 믿어지지 않는다면 E. Che Guebara, *Guenlla Warfare*, Melbourne, Ocean Press, 2006을 참조하기 바란다.

197 Graeber, *The Utopia of Rules*, Londres, Melville House Books, 2015. 우리가 알기에 이 책은 유일하게 권력집중과 책임의 양도 문제를 동시에 다루고 있다.

198 로봇 행동의 도덕성을 평가할 때 규정을 따랐는지만 문제될 뿐 그 행위의

결과는 직접적으로 고려되지 않는다. 전쟁법규에 따른 행동의 결과는 간접적으로만 작용할 뿐이다. 엄밀히 말해 이런 결과는 지난 일로만 치부되어 전쟁법규나 교전규칙을 바꾸는 식으로 개입할 뿐이다. 대신 행위가 발생한 시점에서 결과는 인공행위자의 윤리성을 결정하는 데에 아무런 영향도 미치지 못하며 규칙의 존중 여부만이 고려될 뿐이다.

199 I. Berlin, 《Two Concepts of Liberty》, in *Four Essays on Liberty*, Oxford University Press, 1969, p118-172 ; P. Strawson, 《Freedom and Resentment》, in *Proceedings of the British Academy*, 48, 1962, p1-25.

200 우리가 소위 "la technique"라 이름붙인, 사회 제도를 원형적이고 원초적인 하나의 기계로 보는 시각에 대해서는 L. Mumford, *Technics and Human Development*, t. 1, *The Myth of the Machine*, New York, Harcourt Brace Jovanovich, 1966 참조.

201 D. Graeber, *The Utopia of Rules* op. cit.

202 이것이 인공행위자를 행위에 책임을 지는 도덕적 인간으로 볼 수 없는 또 다른 이유이기도 하다.

203 Ch. Perrow, *Normal Accidents Living with High Risk Technologies*, Princeton University Press, 1999 ; Ch. Perrow, *The Next Catastrophe*, Princeton University Press, 2007.

204 시스템이 복잡하고 상호 연관성이 높아 겹겹의 안전장치를 마련해도 어쩔 수 없이 발생하는 사고를 일컫는 말. 〈역자주〉

205 인공지능이 비약적으로 발전해 인간의 지능을 뛰어넘는 기점 〈역자주〉

206 이에 대한 예로는 《Feelix Growing Project》, Lola Canamero(http://www.image.ece.ntua.gr/projects/feelix/?q=about), 또는 《Jibo Project》, Cynthia Breazeal(http://www.myjibo.com/).

207 사람들의 사회적 행동 속에서 도덕적 감정을 갖게 하는 보편적이고 이성적 요소. 〈역자주〉

208 2. L. Damiano, *Filosofia della scienza e medicina riabilitativa in dialogo*, op. cit.

209 D. J Feil-Seifer, M. J. Matarič, 《Ethical Principles for Socially Assistive Robotics》, in *IEEE Robotics & Automation Magazine, Special issue on Roboethics*, Veruggio, J. Solis et M. Van der Loos (eds.), 2011,

18(1), p24-31; A. Moon, P. Danielson, M. Van der Loos, 《Survey-Based Discussions on Morally Contentious Applications of Interactive Robotics》, *International Journal of Social Robotics*, 4, 2011, p77-96 ; L. D. Riek, D. Howard, 《A Code of Ethics for the Human-Robot-Interaction Profession》, in *Proceedings of We Robot 2014*.

210 D. J. Feil-Seifer, M. J. Matarič, 《Ethical Principles for Socially AssistiveRobotics》, op. cit.

로봇과 함께 살기

초판 1쇄 발행 2019년 2월 27일
초판 2쇄 발행 2019년 10월 7일

지은이 폴 뒤무셸·루이자 다미아노
옮긴이 박찬규
발행인 김희영
펴낸곳 희담

감수 원종우
디자인 신미연
인쇄 KPR

등록 제396-2014-000130호
주소 10401 경기도 고양시 일산동구 무궁화로 8-28, 902호
도서문의 031-811-7721 / 팩스 031-811-7721
전자우편 mignon5@naver.com
블로그 http://blog.naver.com/heedampublisher
ISBN 979-11-958794-2-7 (03550)

이 도서의 국립중앙도서관 출판예정도서목록(CIP)은
서지정보유통지원시스템 홈페이지(http://seoji.nl.go.kr)와
국가자료종합목록시스템(http://www.nl.go.kr/kolisnet)에서
이용하실 수 있습니다. (CIP제어번호: CIP2019004232)

책값은 뒤표지에 있습니다.